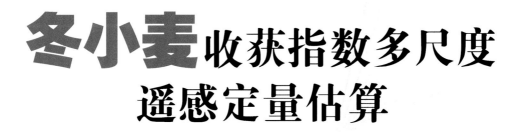

冬小麦收获指数多尺度遥感定量估算

任建强　刘杏认　著

中国农业科学技术出版社

图书在版编目（CIP）数据

冬小麦收获指数多尺度遥感定量估算 / 任建强，刘杏认著. --北京：中国农业科学技术出版社，2024.10

ISBN 978-7-5116-6855-4

Ⅰ.①冬… Ⅱ.①任… ②刘… Ⅲ.①遥感技术－应用－冬小麦－定量测定 Ⅳ.①S512.1

中国国家版本馆CIP数据核字（2024）第112179号

责任编辑	李　华
责任校对	李向荣
责任印制	姜义伟　王思文

出 版 者	中国农业科学技术出版社
	北京市中关村南大街 12 号　　邮编：100081
电　　话	（010）82109708（编辑室）　　（010）82106624（发行部）
	（010）82109709（读者服务部）
网　　址	https:∥castp.caas.cn
经 销 者	各地新华书店
印 刷 者	北京建宏印刷有限公司
开　　本	170 mm × 240 mm　1/16
印　　张	14
字　　数	261 千字
版　　次	2024 年 10 月第 1 版　　2024 年 10 月第 1 次印刷
定　　价	128.00 元

前　言

作物收获指数（Harvest index，HI）是重要的农情参数和生物学参数，该参数对作物产量模拟与估算、智能化作物品种选育、作物表型信息获取、作物生长栽培环境评价、精准农业生产管理和全球农作物监测等具有重要意义。同时，该参数是影响作物单产的重要生物学参数，也是决定作物产量进一步提高、作物高产品种筛选的重要决定因素之一，作物收获指数信息准确获取对提高大范围农作物单产遥感估算精度、选育新品种和提高粮食作物单产、明确作物单产提高的关键途径、有力实施我国粮食单产提升工程、推进新一轮千亿斤粮食产能提升行动、助力实现国家粮食安全与农业双碳目标的双赢、全球粮食安全遥感监测与预警等均具有重要科学意义和实用价值。

本书以我国北方粮食主产区黄淮海平原河北省衡水市为研究区，以深州市为典型试验区，以冬小麦为研究对象，在野外观测试验、室内数据处理分析、关键技术攻关基础上，围绕作物收获指数遥感估算工作，开展了基于田间冠层高光谱数据、无人机高光谱数据、卫星遥感模拟数据、多光谱卫星遥感数据和地面同步观测数据支持下天空地信息协同多尺度（如田间尺度、农场/小区域尺度和大范围区域尺度）作物收获指数遥感定量估算技术方法的创新研究与应用工作，在丰富和发展作物收获指数概念基础上，创新提出了反映作物生长动态变化和产量形成过程的作物收获指数动态评价指标，通过天空地信息协同，实现了田间冠层、农场/小区域尺度和大范围区域尺度的作物收获指数信息多尺度动态监测。本书所开展的作物收获指数遥感估算技术方法创新研究工作对准确获取大范围主要作物收获指数空间分布信息、实现我国和全球重点地区主要农作物产量准确估算具有一定指导意义和参考价值。

本书系列研究受到科技部、国家自然科学基金委员会等多个部门的科研项目资助。感谢国家重点研发计划项目"全球粮食和病虫害监测与预警（2023YFB3906200）"、国家自然科学基金面上项目"区域冬小麦收获指数遥感定量估算模型与方法及其时空特征（41871353）"等共同资助。

本书是著者近年来开展作物收获指数遥感估算相关研究的总结，相关研究与应用工作主要依托北方干旱半干旱耕地高效利用全国重点实验室/中国农业科学院农业资源与农业区划研究所、农业农村部农业遥感重点实验室、国家遥感中心农业应用部、农业农村部遥感应用中心研究部、中国农业科学院农业环境与可持续发展研究所等平台进行。感谢中国农业科学院农业资源与农业区划研究所农业遥感和智慧农业团队唐华俊院士/研究员、吴文斌研究员对本项研究工作给予的长期支持。同时，感谢中国农业科学院农业资源与农业区划研究所智慧农业研究室吴尚蓉博士对高光谱数据分析给予的技术支持。此外，感谢中国农业科学院农业资源与农业区划研究所农业遥感研究室潘海珠博士、李方杰硕士、李丹丹硕士等对本研究野外试验方面给予的大力支持。其中，潘海珠博士、李方杰硕士在新冠疫情暴发期间克服困难参加本研究相关地面试验工作，为本研究后续工作顺利实施起到了重要作用，在此表示感谢。另外，感谢张宁丹硕士在本书相关研究、书稿撰写和野外试验中所做的贡献。张宁丹硕士在读三年期间，恰逢新冠疫情暴发的三年，她同样克服各种困难，不仅全程牵头完成了野外试验工作，而且出色完成了承担的作物收获指数遥感估算相关技术研究工作，在此一并致谢。

本书共分为6章。第1章绪论，介绍作物收获指数估算的背景意义、收获指数主要应用和影响因素、作物收获指数估算国内外研究进展、收获指数遥感估算中存在的主要问题；第2章阐述了基于地面高光谱数据的田间冠层尺度作物收获指数遥感估算方法研究与应用；第3章阐述了基于无人机高光谱的小区域尺度作物收获指数空间信息获取技术及其应用；第4章阐述了基于中高分辨率多光谱数据的区域作物收获指数遥感估算方法；第5章阐述了基于时序中低分辨率多光谱数据的区域作物收获指数遥感估算；第6章展望，对本书整体研究内容的创新点、不足、改进方向和相关技术应用前景等进行总结，并对作物收获指数遥感估算技术发展进行展望。

本书各章节初稿写作分工如下：第1章由任建强、刘杏认、张宁丹撰写；第2章由张宁丹、任建强撰写；第3章由张宁丹、任建强撰写；第4章由任建强、张宁丹撰写；第5章由任建强、刘杏认撰写；第6章由任建强、刘杏认撰写。任建强和刘杏认对全书进行统稿与修改。

作物收获指数遥感定量估算是一项综合的科学研究和技术应用工作，涉及遥感、空间信息、计算机、农学和地学等多种学科和技术的方方面面，本书主要从著者近些年科研积累角度对已开展的作物收获指数多尺度遥感定量估算工作进行总结性叙述，在以新质生产力引领现代农业高质量发展的大背景下，为满足农业遥感、数智农业的不断发展以及农业新质生产力培育对关键农情参数定量获取提出的更高要求，该书部分内容和技术细节还有待进一步提高和完善。由于著者水平和精力所限，书中内容和观点难免存在不足之处，诚恳希望同行和读者批评指正，敬请各位专家提出宝贵意见。

著　者

2024年9月

目　录

绪　论

1.1 研究背景及意义

粮食是人类赖以生存和发展的重要物质基础，粮食安全不仅关系到一个国家的安全，而且也关系到世界和平与稳定。随着全球人口不断增加以及人类活动日益频繁，全球气候变化、环境污染、土壤侵蚀、耕地减少等资源、环境和生态问题对世界各国农业生产、粮食安全都产生了重要影响（Tirado et al.，2010；Wheeler 和 von Braun，2013；Singh 和 Singh，2017；Zhang et al.，2021a；刘立涛等，2018；黄萌田等，2020）。2023年5月，联合国粮食及农业组织（FAO）发布《2023年全球粮食危机报告》显示，2022年全球粮食危机进一步加剧，58个国家和地区约2.58亿人受到严重粮食危机影响（FSIN 和 GNAFS，2023）。对于拥有14多亿人口的中国来说，粮食安全任何时候都是"国之大者"，保障国家粮食安全是一个永恒的主题。因此，及时准确地掌握我国和全球重点地区粮食作物农情长势和产量信息，对科学制定国内农业政策、有效指导农业生产、合理利用国内和国外两种资源和两个市场、提高国家粮食安全水平等均具有重要意义。

作物收获指数（Harvest index，HI），又称经济系数，是影响作物单产的重要生物学参数，也是决定作物产量进一步提高、作物高产品种筛选的重要决定因素之一（Long et al.，2015；Liu et al.，2020b；Zhang et al.，2022）。收获指数空间分布信息准确获取对作物品种筛选和推广效果评价、提高大范围粮食作物单产估测精度、明确作物单产提高的关键途径、有力实施粮食单产和粮食产能提升、提高保障国家粮食安全能力和农田生态系统主要农作物碳汇量核算水平等均具有重要科学意义和实用价值。收获指数是指作物收获时经济产量（籽粒、果实）与生物产量之比，反映同化产物在籽粒和营养器官之间的分配比例（Donald，1962；Donald 和 Hamblin，1976）。在正常生长条件下，粮食作物收获指数与作物单产呈正相关关系，因此，收获指数是长期以来农学家及育种专家提高作物单产、选育作物新品种（潘晓华和邓强辉，2007；Hay，1995；Rivera-Amado et al.，2019）、品种改良和栽培成效评价中所需考虑的最重要因素之一（Unkovich et al.，2010；Porker et al.，2020；Chen et al.，2021）。众多研究表明，近几十年来，稻、麦等作物收获指数的不断提高是其单产不断提高的一个重要原因（张福春和朱志辉，1990；廖耀平等，2001）。此外，随着作物生长机理模型和光能利用率模型等作物估产方法和技术的出现，作物收获指数成为影响作物产量估算精度的敏感因素和产量估算中重要输入参量，在国家农业资源监测、农业生产管理和粮食产量预报中发挥了重要作用（Ramirez-Villegas et al.，2017；周磊等，2017）。同时，随着全球气候变化、资源、环境和生态等问题的日益突出，作物收获指数也逐步成为揭示生态环境和气候变化条件下作物响应的重要指示因子。随着全球生态系统碳循环问题的提出，作物收获指数对于准确计算农田生态系统的固碳能力也具有重要影响（Unkovich et al.，2010；Fan et al.，2017）。可见，随着国内外对气候变化、资源、环境和生态等对粮食生产系统影响一系列问题定量研究的逐步深入，作物收获指数在上述事关国家粮食安全和气候变化对农业影响等问题研究中具有重要意义，准确获取大范围区域作物收获指数空间信息已经成为迫切需求（Zhang et al.，2016；王轶虹等，2016a；王轶虹等，2016b）。此外，收获指数信息的准确获取对农业管理部门及时掌握农作物长势、作物产量估算信息、有效开展农业生产管理等也具有重要指导意义（Lorenz et al.，2010；Fan et al.，2017；Hu et al.，2019）。因此，如何高效准确地获取作物收获指数信息也一直是农业遥感领域国内外学者的研究热点。

遥感技术凭借其快速、准确、覆盖面积大等优势，为区域范围内监测作物收获指数提供了有力的信息支持（Campoy et al.，2020；Walter et al.，2018；Yang et al.，2021a；陈仲新等，2016；陈仲新等，2019；刘剑锋等，2022）。作物收获指数的形成是一个动态变化的过程，其生长过程中任何环境因子的变化都会影响最终作物收获指数，因此，高时间分辨率和多时相遥感数据（如GF系列、MODIS等）在区域范围内监测作物收获指数变化中发挥着非常重要的作用（杜鑫等，2010）。近些年来，无人机遥感技术也获得了快速发展，已经成为农业遥感监测的新手段和卫星遥感平台的有益补充（Colomina和Molina，2014；Fathipoor et al.，2019；Maes和Steppe，2019；Maimaitijiang et al.，2020；Wan et al.，2020；Shahi et al.，2022；Burgess，2024；晏磊等，2019；樊湘鹏等，2021；李红军等，2021；赵立成，2022；徐云飞，2022）。由于无人机遥感技术具有成本低、体积小、操作简单、机动灵活、作业周期短和受云层覆盖影响小等显著优势，且载荷传感器可以快速获取高时间、高空间和高光谱分辨率的影像，能够满足小范围作物遥感监测和高频获取作物生长信息的需要。通过无人机平台搭载的高光谱相机具有较多的波段，可以充分获取与作物生长状况密切相关的波段信息，同时也可获得小区域范围作物冠层光谱动态信息，这为获取作物收获指数动态变化信息提供了保障（Ji et al., 2024；潘朝阳，2023）。

因此，为满足气候变化、资源、环境和生态等对粮食生产系统影响一系列问题定量研究的需求以及主要农作物大范围天空地一体化农情信息获取和作物产量准确估测的需要，本研究以主要粮食作物冬小麦为研究对象，在冠层高光谱、无人机高光谱、卫星遥感数据、实测地上生物量和作物动态籽粒产量等多源信息支持下对提出的作物收获指数遥感估算方法进行验证，从而对田间尺度、农场尺度和大范围尺度获取作物收获指数空间信息的可行性和有效性进行评价，以期为作物收获指数多尺度遥感定量估算提供有效的技术方法，为作物品种选育、作物表型信息准确获取、区域作物产量模拟与估测、区域作物生产管理、区域作物生长环境评价、农田生态系统主要农作物碳汇量核算、气候变化对粮食生产系统影响研究等提供有效的信息支撑和技术方法参考借鉴。

1.2 国内外研究现状

作物收获指数（Harvest index，HI）一般描述为作物收获时经济产量与地上部的干物质质量之比，无量纲，是一个反映作物生理生态和形态结构特性、同化产物生产、分配及器官发育建成、光温水肥资源利用效率以及环境适应能力的综合指标（谢光辉等，2011）。对粮食作物来说，收获指数是指作物籽粒产量占作物地上生物量的百分数。受各种影响因素的限制，作物收获指数的形成有其生理结构功能为基础的内在规律性，在一定时期较大区域内会呈现一定的稳定性，但同一作物由于品种、管理水平和胁迫条件等不同使收获指数在小区域范围内存在较大的空间变异（Echarte和Andrade，2003；代立芹等，2006）。

1.2.1 作物收获指数的主要应用

作物收获指数作为影响作物单产的重要生物学参数之一，多年来一直得到广泛应用和重视。众多学者对作物收获指数进行了深入研究，内容主要涉及作物收获指数的数学模拟、收获指数与相关农学参数关系或对作物生长环境及其管理措施的响应等（Soltani et al.，2004；Soltani et al.，2005；Moser et al.，2006；谢志梅等，2015）。作为重要的农作物表型参数，作物收获指数在作物品种选育、作物品种改良和指导育种方面发挥越来越重要的作用。近些年来，随着气候变化、资源、环境和生态等问题的日益突出，农业资源管理和国家粮食安全对于作物收获指数信息的需求越来越迫切。目前，一些学者已开展了气候变化对农业的影响研究，如开展了收获指数与不同气候变化情景、气象要素间关系等重要研究（姬兴杰等，2010）。随着农业遥感监测技术的发展，作物生长机理模型和光能利用率半机理模型陆续在作物估产中应用。此外，基于总初级生产力（GPP）、净初级生产力（NPP）以及生物量—收获指数等单产估算方法也相继出现，作物收获指数已经成为影响作物产量估算精度的敏感因素和产量估算中重要输入参量（Lobell et al.，2003；任建强等，2006；徐新刚等，2008；吴锦等，2009；周磊等，2017）。随着全球生态系统碳循环问题的提出，作物收获指数在准确估算作物净初级生产力、农作物可还田量等有关农田生态系统固碳能力研究中发挥了越来越重要的作用（Dai et al.，2016；Wang et al.，2018a；王轶虹等，2016a，2016b；闫丰等，2018）。作物收获指数主要应用如下。

1.2.1.1 作物产量的模拟与估算

作物产量的提高往往取决于生物产量或收获指数的提高，在保持生物产量稳定的情况下，努力提高收获指数，可获得更加理想的作物经济产量（王玉龙，2020）。近些年来，以"生物量—收获指数—产量"模式为代表的作物产量遥感估算模型不断发展（Wu et al.，2023；Li et al.，2024；任建强等，2006），作物收获指数已经成为全球农作物遥感估产的重要生物学参数之一，如何有效准确地获取收获指数空间信息已经成为目前研究和关注的热点。许多研究表明，借助气候相关统计模型（Lieth和Whittaker，1975；Rasmussen，1998a；Rasmussen，1998b；朱文泉等，2007；王胜兰，

2008）、生态系统过程模型（Raich et al.，1991；Running和Hunt，1993；王培娟等，2009；张方敏等，2012）、光能利用效率模型（Potter et al.，1993；Prince和Goward，1995；Field et al.，1995；Yuan et al.，2016；史晓亮等，2017）等获得作物的净初级生产力，在此基础上通过收获指数的修正可以准确获得作物产量信息。

1.2.1.2 作物品种的选育与改良

作物收获指数是作物品种选育与改良中重要的参数，已经成为长期以来农学家及育种专家提高作物单产、选育作物新品种和品种改良所需考虑的重要因素之一（何秀英等，2006；谢成俊等，2015；谢志梅等，2015）。在作物选育过程中，提高收获指数对环境的适应性，对于培育高产稳定的作物品种非常重要。因此，选择收获指数高并且对恶劣环境条件具有较好"缓冲性"的品种，以弥补因环境条件恶劣对收获指数的负面影响，进而降低作物在低产环境下的减产幅度（李跃建等，1998）。此外，在形态结构方面，除考虑理想的株型外，培育茎秆维管数目多、韧皮部发达的品种，以提高植株的输导能力（潘晓华和邓强辉，2007；杨豫龙等，2022），也是农学育种专家的重要研究方向。

1.2.1.3 作物栽培技术优化与效果评价

研究表明，作物收获指数可以有效反映农作物光温水资源的利用效率以及对环境的适应能力（Hay，1995）。由于作物产量受栽培品种、栽培措施、地区气候环境等因素影响巨大，因此，作物收获指数的波动变化显示了作物对栽培环境的适应策略，可以用来评价作物的栽培成效。同类作物的收获指数在高产环境表现较高，低产环境则表现较低，故许多学者通过统筹协调水分管理、化肥使用量以及管理栽培措施等对作物产量和作物收获指数产生积极影响，以期为节本增效栽培、化肥农药减施提供理论依据，从而保障作物高产优质生产力的发挥（张作为等，2016；卢坤等，2017）。

1.2.1.4 作物固碳能力的评价

农作物在陆地生态系统碳循环中发挥着十分重要的作用，农作物生产过程既是碳源也是碳汇（李颖等，2014；陈罗烨等，2016；张卫建等，2021；

罗怀良，2022）。其中，碳汇主要包括作物自身生长碳吸收、农田土壤固碳和秸秆还田的固碳效应（佘玮等，2016a；佘玮等，2016b；赵永存等，2018；马子钰和马文林，2023；贯君等，2024）。在当前全球气候变化背景下，农作物碳汇作用具备显著的生态环境价值，农作物碳汇功能对气候变化起着重要的调节作用。农田生态系统作为受人类影响最大的自然生态系统，其固碳能力历来受到关注。可见，农作物是全球陆地碳库的重要组成部分。我国作为世界上重要的农业大国之一，作物生产对全球气候变化的影响不可忽视。

近些年来，国内外对农田生态系统碳源汇进行了较为深入研究（Lal，2004；Li et al.，2019；Li et al.，2023；潘根兴和赵其国，2005；韩冰等，2008；李波等，2019；罗怀良，2022；苑明睿等，2024），同时也出现了我国各个地区主要农作物固碳能力、碳储量、碳吸收/碳汇方面的众多研究成果（Qin et al.，2024；Chang et al.，2023；张剑等，2009；朱大威等，2010；左红娟等，2015；王梁等，2016；佘玮等，2016a；佘玮等，2016b；王莉等，2022）。其中，作物收获指数是农作物碳汇量计算中重要参数之一，但目前一般把作物收获指数设置成一个常数，尚未采用高精度的作物收获指数空间分布信息。因此，开展作物收获指数空间信息获取研究可以进一步提高农作物固碳能力评价的精度和水平，对实现国家粮食安全与农业双碳目标的双赢具有重要意义。

1.2.2　作物收获指数的主要影响因素

作物收获指数的形成有其内在规律，即同一品种在生理结构功能相似的基础上，应具有相近的收获指数。但实际由于受到气候光温条件以及田间管理措施的影响，导致同类作物在不同的环境下表现出不同的收获指数水平（Prasad et al.，2006；Hu et al.，2018；Yang et al.，2021b；李贺丽和罗毅，2009）。常见作物收获指数的影响因素主要包括品种遗传特性、作物生长环境条件和管理措施水平等。

1.2.2.1　品种遗传特性

收获指数具有较高的遗传力，不同品种的生理结构和功能也存在差异，进而影响其群体叶片特征和光合特性、茎秆等组织结构、穗部形状和作物含水量等，导致在相同的外界环境下收获指数存在差异。李跃建等（2003）研究结果表明，低单穗重和低收获指数的小麦品种，净光合速率在灌浆前期较高，灌浆后期较低；高单穗重和高收获指数的小麦品种，净光合速率表现为灌浆前期低，灌浆后期高。范平等（2000）对小麦不同品种的茎秆进行解剖学观察，发现作物收获指数高的品种具有机械组织发达、输导组织发达和维管束数目多等特征，具有较强的抗倒性和输导养分能力，有利于提高灌浆强度和籽粒充实度，从而提高穗粒重。钟蕾（2012）研究表明，收获指数高的品种株间及株内农艺性状整齐度总体好于收获指数低的品种，稻、麦等禾本科作物收获指数高的品种，单穗粒数多且结实率高。可见，作物收获指数与作物农艺性状存在一定内在联系，收获指数大小会受到选育作物品种遗传特性的影响。

1.2.2.2 作物生长环境条件

作物生长发育是在环境条件下进行的，对于冬小麦等一般农作物而言，光照、温度、水分、土壤养分等生长环境条件的变化都会影响干物质的积累和运输，进而引起作物收获指数的波动。作物光合生长直接取决于到达地表的太阳辐射，因此，良好的光照条件对作物收获指数的形成具有至关重要的影响，是作物收获指数形成的基础保证之一。灌浆期内充足的光照，有利于作物籽粒干物质累积。灌浆期间如遇连续降雨等恶劣天气，光照不足导致灌浆强度急剧降低是导致作物减产的主要因素（杜鑫，2010）。温度是作物生长发育的主要驱动因子，通过影响植株根的呼吸和酶的活性，进而影响氮的吸收速率。郑成岩等（2017）研究表明，适度的增温能够促进小麦干物质和氮向籽粒分配和转运，有利于籽粒产量和氮利用率的提高，实现作物高产高效。土壤水分是影响小麦生长发育的重要因素之一，适宜的水分不仅可以缓解高温对作物的影响，还可以促进光合产物的形成。晁漫宁等（2020）研究表明，灌浆期干旱胁迫会导致小麦籽粒淀粉和蛋白质含量下降，结实率显著降低，最终导致小麦收获指数的下降。土壤养分也会对收获指数产生影响，如冬小麦开花之后土壤养分供应充分，有利于增加粒重，如果养分供应不足，极易造成早衰，但也不宜使氮素供应水平过高，否则会造成贪青晚熟（李贺丽和罗毅，2009）。氮素对冬小麦籽粒灌浆速率无显著影响，但穗粒数与开花期穗中的含氮量密切相关，缺氮会严重降低穗粒数。可见，作物生长环境条件是影响作物收获指数的重要因素。在实际生产中，外界生长环境条件的变化对作物产量会产生重要影响，从而影响作物收获指数的大小。

1.2.2.3 管理措施水平

众多研究表明，田间管理措施水平对作物收获指数、作物产量等均具有重要的影响。如冬小麦在生长期间，通过合理施肥、灌溉、适宜的覆盖栽培方式和种植制度等田间管理措施，可以提高冬小麦对肥料和水分的利用率，并产生互补效应，最终提高小麦的产量和品质（Moser et al.，2006；Wang et al.，2009；Liu et al.，2022；杜思澄，2023），进而影响小麦收获指数。其中，氮素直接参与植株器官建成及多种生理生化过程，合理施氮（施氮时期、施氮量、基准比例）是重要的栽培措施之一。此外，由于降水与作物需水过程并不同步，因此，必须灌溉才能满足冬小麦的正常生长发育，如冬小麦拔节期灌水和追施氮肥能有效促进冬小麦对氮素的吸收利用，增加冬小麦成穗数和穗粒数，从而达到增产的目的（王晓英和贺明荣，2013；张笑培等，2021）。在实际生产中，采取科学的水氮管理模式，既可以提高水肥利用效率，又可保护农田生态环境和地下水的安全。同时，覆盖栽培措施也能改善冬小麦土壤水温环境，有效促进土壤和作物水分的良性循环，促进作物生长发育及产量的形成，如秸秆带状覆盖能提高冬小麦灌浆期植株含水量和旗叶相对含水量，延迟植株功能叶衰老，从而增加穗粒数和粒重，进而影响冬小麦产量和收获指数（张博等，2020）。

1.2.3 作物收获指数估算研究进展

1.2.3.1 基于田间尺度的作物收获指数模拟与估算

基于田间尺度作物收获指数估算中，一般的作物收获指数研究主要基于田块尺度的农学试验层面，大多侧重于作物收获指数的数学模拟、收获指数与相关农学参数关系、作物生长环境及其管理措施对收获指数的影响评价等（Tokatlidis和Remountakis，2020；任建强等，2010）。作物收获指数获取方法包括直接法和间接法。直接法主要通过田间取样计算获得，该方法虽然准确，但费时费力且很难在大范围内开展，也无法获得收获指数的连续空间分布信息。间接法主要包括两类，一是将作物收获指数看作时间的函数，通过模拟作物收获指数在灌浆期的逐步增加变化过程与时间之间函数关系实现作物收获指数的准确估算，该方法对作物收获指数模拟与估算具有重要指导作用（Moriondo et al.，2007；Fletcher和Jamieson，2009）；二是基于作物生长过程中的植被信息、作物生长环境影响因子（如温度、光照、土壤水分和土壤养分等）与HI建立函数关系进而完成HI的估算（Sadras和Connor，1991）。例如Sinclair（1986）将HI在灌浆期的增加速率视为常数，即为HI呈线性增加。Hammer和Broad（2003）采用分段回归函数将HI增长期分为前、后两个线性增长阶段。Fletcher和Jamieson（2009）开展了小麦收获指数随时间变化的动态模拟及其影响因素研究，将HI看作时间的函数，通过模拟收获指数与时间之间的函数关系实现了作物收获指数的准确估算。此外，一些学者主要从农学和作物学角度开展作物收获指数的模拟估算以及环境胁迫因子（如高温、水分亏缺、土壤养分缺失或过量等）对作物收获指数形成的影响等方面进行深入研究（Soltani et al.，2004；Soltani et al.，2005；Moser et al.，2006；沈玉芳等，2007）。姬兴杰等（2010）基于气象资料采用逐步回归分析的方法构建冬小麦收获指数模型，可以较好地模拟不同气象条件下冬小麦收获指数的动态变化。Richards和Townley-Smith（1987）及Sadras和Connor（1991）根据作物开花至成熟时段的蒸腾量占整个生育期总蒸腾量的比例开展了小麦收获指数估算研究，实现了水分亏缺条件下的冬小麦收获指数的有效估算。Kemanian等（2007）以小麦、大麦和高粱为研究作物，根据作物收获指数与作物开花后干物质积累量占整个生长季总干物质量的比例（f_G）呈线性或曲线关系，在田间尺度建立了f_G与HI之间的统计模型，实现了田间尺度作物收获指数的准确模拟和估计。同时，Li等（2011）在山东省禹城市基于不同氮水平下冬小麦田间控制试验，利用作物开花后的干物质积累量占整个生长季总干物质量的比例（f_G）等实测数据开展了冬小麦收获指数估算方法研究，取得了较好的估算结果。上述研究结果对利用f_G参数进行HI估算具有重要的参考意义，但基于f_G参数的HI估算方法尚未实现区域应用，而且缺少作物开花期—成熟期之间f_G参数的动态过程研究。随着遥感数据和地面观测数据相结合的方法越来越得到重视和应用，上述方法为估算作物收获指数提供了一种新思路。

1.2.3.2　基于区域尺度的作物收获指数估算与获取

基于区域尺度作物收获指数估算中，一些学者在田间样方或田间控制试验取样基础上，利用地面冠层高光谱数据开展了作物收获指数获取方法研究，为利用多时相多光谱卫星遥感的作物收获指数获取提供了重要的方法借鉴（李贺丽，2011），如陈帼等（2019）开展了基于多生育期冠层高光谱数据的植被指数筛选研究，构建了多生育期植被指数组合的收获指数估测模型，显著提高了冬小麦收获指数的估算精度。另一些学者基于遥感数据构建能够反映作物长势状况的时序植被遥感信息开展HI估算研究，如Samarasinghe（2003）在斯里兰卡利用NOAA-AVHRR NDVI获取的作物生物量遥感信息对作物收获指数获取方法进行改进，获得了较高精度研究区水稻作物收获指数信息。此外，Moriondo等（2007）在意大利格罗塞托和福贾等地将冬小麦全生育期划分为发芽—开花、开花—成熟两个阶段，根据开花前后两个时段NOAA-AVHRR归一化差值植被指数NDVI均值，构建模型$1-NDVI_{post}/NDVI_{pre}$估算HI的空间分布，该方法通过遥感手段获取冬小麦生长季的NDVI数据，这对利用遥感信息获取区域尺度HI具有重要借鉴意义。同时，Du等（2009a）进一步应用了该方法，利用MERIS NDVI时序数据在山东省禹城市开展了区域冬小麦收获指数的反演和验证，并将区域冬小麦收获指数结果应用于作物产量估算研究。此外，杜鑫（2010）通过对冬小麦籽粒灌浆过程中的影响因素进行分析，采用冬小麦籽粒灌浆比例的动态模拟，实现了冬小麦收获指数定量估算，并应用于作物单产遥感估算和粮食增产潜力的遥感评估。任建强等（2010）以冬小麦为研究对象，利用MODIS植被指数信息构建开花期—乳熟期NDVI累积值和返青—开花前NDVI累积值的比值来表征冬小麦收获指数，通过建立该比值与实测收获指数间统计模型较好地估算了中国黄淮海平原地区冬小麦收获指数。王玉龙（2020）利用开花后和开花前NPP累计值的比值构建参数，较好地完成了研究区域冬小麦收获指数空间信息的反演。此外，国内学者还针对作物收获指数形成机制和遥感技术应用情况，对基于作物生长过程、环境影响因子以及作物结构参数的作物收获指数遥感监测估算可行性进行了深入分析，这对促进基于遥感的作物收获指数信息获取技术研究具有重要意义（杜鑫等，2010）。然而，上述所有方法均只进行了成熟期的作物收获指数估算且使用开花后时序NDVI表征籽粒灌浆过程，缺少作物收获指数形成过程中动态收获指数信息的支持。

1.2.4 作物收获指数遥感估算存在的主要问题

1.2.4.1 基于遥感估算HI的方法和精度有待改进和提高

目前，关于作物收获指数的研究大多数以田间尺度为主，大多侧重于作物品种选育和栽培、作物收获指数动态模拟及其影响因素研究（Soltani et al.，2004；Soltani et al.，2005；Moser et al.，2006），而区域尺度作物收获指数空间信息遥感提取方法研究相对较少（李贺丽和罗毅，2009；任建强等，2010），且无法反映区域空间差异性。另外，目前大多数区域尺度的作物收获指数估算研究都采用一种数据源，随着无人机遥感和卫星遥感技术的发展，基于天空地信息协同的多尺度作物收获指数定量估算还有待进一步加强。同时，尽管已有的基于遥感信息的区域作物收获指数估算已经取得了较好的结果，但大多研究只针对成熟期收获指数的估算，且对作物收获指数的动态变化信息考虑不足，作物收获指数遥感估算的定量化水平和精度有待进一步提高。

1.2.4.2 基于作物生长过程信息的区域HI遥感估算有待加强

从已开展的作物收获指数估算研究可以看出，作物开花期—成熟期累积地上生物量与成熟期地上生物量间比值参数f_G在作物收获指数模拟和估算中已经得到了较多应用（Kemanian et al.，2007；Li et al.，2011；Gaso et al.，2019；Khan et al.，2019），但该方法尚未实现在大范围尺度的应用和验证，而且缺少开花期—成熟期之间f_G参数的动态过程研究。从已开展的区域尺度作物收获指数估算研究看，目前大多数成果主要使用多光谱时序NDVI曲线表征籽粒灌浆过程进行成熟期的作物收获指数估算，但缺少收获指数形成过程中动态收获指数信息的支持（Moriondo et al.，2007；任建强等，2010）。

1.2.4.3 HI遥感估算中敏感波段中心和波宽优选需要加强

在已开展的基于遥感数据作物收获指数估算中，大多研究使用多光谱光学遥感数据和高光谱数据。其中，由于光谱指数具有反演作物生物理化参数的能力，可定量反映作物生长的各项指标（高林等，2016；王玉娜等，

2020；刘爽等，2021），因此，基于遥感反射率构建的不同波段组合的光谱指数（如归一化差值植被指数）在作物收获指数估算中得到了较多应用。但由于高光谱数据相邻波段信息相关性高，信息冗余性大，故在进行作物收获指数估算时，如何准确确定作物收获指数估算的高光谱敏感波段中心是一个目前亟须深入研究的问题。另外，由于多光谱卫星遥感各种传感器波段中心位置和波段宽度均有所不同，这也导致筛选出的高光谱敏感波段中心和宽度可能与实际多光谱卫星波段匹配存在不一致的问题（王福民等，2007；王福民等，2008；黄婷等，2020），从而影响冠层高光谱敏感波段中心筛选结果的有效应用和多光谱卫星估测作物收获指数精度的进一步提高。因此，在确定冠层高光谱敏感波段中心的基础上，寻找能够满足收获指数遥感估算精度要求的最大波段宽度，也成为一个亟待解决的问题，从而为宽波段多光谱卫星收获指数估算的波段选择、传感器波段设置和光谱指数筛选奠定理论基础。

1.3　本章小结

在明确作物收获指数获取意义的基础上，本章充分分析了作物收获指数目前的主要应用领域和应用情况，深入分析了作物收获指数形成的主要影响因素，综合分析了田间尺度和区域尺度作物收获指数获取方面的国内外研究进展，准确把握了目前作物收获指数遥感估算中存在的主要问题和不足，为本书开展作物收获指数估算研究中动态收获指数、花后累积地上生物量比例动态参数、花后生殖生长阶段和花前营养生长阶段植被指数累积值比值等概念、指标的提出奠定了基础。在此基础上，本书将以冬小麦为研究对象，在野外观测试验、室内数据处理分析、关键技术攻关基础上，围绕作物收获指数遥感估算工作，开展基于冠层高光谱数据、无人机高光谱数据、多光谱卫星遥感模拟数据、多光谱卫星遥感数据和地面同步观测数据支持下天空地信息协同的多尺度（如田间冠层尺度、农场/小区域尺度、大范围区域尺度）作物收获指数遥感定量估算技术方法研究与应用，对准确获取大范围主要作物收获指数空间分布信息具有重要意义。

基于地面高光谱数据的田间冠层尺度作物收获指数遥感估算

作物收获指数（Harvest index，HI），又名经济系数，是指作物收获时籽粒产量和地上生物量的比值，其本质反映了作物同化产物在籽粒和营养器官中的分配比例（Donald和Hamblin，1976）。收获指数作为重要的农学参数，在作物产量模拟与估算（Fan et al.，2017；Hu et al.，2019；Porker et al.，2020）、作物品种选育（Rivera-Amado et al.，2019；Tao et al.，2022）、田间生产管理（Gajić et al.，2018；Chen et al.，2021）等方面均具有重要作用。因此，如何高效准确地获取收获指数信息一直是国内外学者的研究热点。

大多数作物收获指数研究主要在田块尺度通过传统田间取样手段进行测量和研究，其研究内容主要涉及作物品种选育和栽培、作物收获指数的数学模拟及其影响因素研究（Kobata et al.，2018；Wang et al.，2020）。其中，Fletcher和Jamieson（2009）通过模拟与时间之间的函数关系实现了HI的准确估算；另有学者运用作物生长过程中植被信息（如各种植被指数、生物量、作物水分等）与HI建立函数关系进行估算（Sadras和Connor，1991；Kemanian et al.，2007；Ran et al.，2019），如Sadras和Connor（1991）根据作物开花至成熟时段蒸腾量占整个生育期总蒸腾量的比例开展了小麦收获指数估算研究，实现了水分亏缺条件下的冬小麦收获指数有效估算。Kemanian等（2007）以小麦、大麦等为研究对象，根据HI与作物开花后干物质积累量占整个生长季总干物质量的比例（f_G）呈线性或曲线关系建立统计模型，实现了田间尺度HI的准确估计。基于Kemanian等（2007）提出的f_G参数，Li等（2011）在山东省禹城市基于不同氮水平冬小麦田间控制试验，开展了冬小麦收获指数估算方法研究，取得了较好的估算结果。此外，在利用f_G参数进行田块尺度HI准确估算基础上，Gaso等（2019）和Khan等（2019）分别在乌拉圭科洛尼亚省、美国华盛顿州开展了基于HI修正作物生物量的冬小麦作物单产估算研究，也取得了较好的估产效果。上述研究结果中f_G参数均在田块尺度获取，对基于f_G参数的HI估算具有重要参考意义，但f_G参数获取尚未实现区域尺度空间信息获取，而且缺少开花期—成熟期之间f_G参数的动态过程研究，一定程度上影响了HI估算精度的进一步提高。

近些年来，遥感凭借其快速准确、覆盖面积大等优势，逐步成为大范围HI获取的有效技术手段（杜鑫等，2010；陈仲新等，2016）。部分学者在田间样方或田间控制试验取样基础上，利用地面冠层高光谱数据开展了HI获取方法研究，为利用多时相多光谱卫星遥感的III获取提供了重要方法借鉴（Walter et al., 2018），如陈帼等（2019）基于冠层高光谱数据构建了多生育期植被指数组合的HI估测模型，显著改善了冬小麦收获指数估算精度。同时，国内外学者利用能够反映作物长势状况的时序植被遥感信息也开展了一系列HI估算研究，如Campoy等（2020）基于时序NDVI遥感数据和气象信息，在估算作物蒸腾量和作物蒸腾系数等生物物理参数基础上，实现了不同管理条件下小麦收获指数的准确估算。Moriondo等（2007）根据冬小麦发芽—开花和开花—成熟两个时段归一化差值植被指数（Normalized difference vegetation index，NDVI）均值构建模型估算HI的空间分布，该方法对利用时序NDVI遥感信息获取区域尺度HI具有重要借鉴意义。任建强等（2010）以冬小麦为研究对象，通过构建开花期—乳熟期和返青—开花前两个时段累积NDVI比值与实测收获指数间统计模型，较好地估算了中国黄淮海平原地区冬小麦收获指数。可见，上述基于短时间序列遥感数据的HI估算有利于方法的实际应用，但上述方法均只针对成熟期HI的估算，而对HI形成过程中动态变化信息考虑不足，尚需进一步开展深入研究。

目前，田块尺度收获指数遥感估算主要利用冠层高光谱遥感数据，区域尺度收获指数估算主要采用宽波段多光谱卫星遥感数据（如MODIS、MERIS等）（Du et al., 2009b；任建强等，2010）。其中，由于光谱指数具有反演作物生物理化参数的能力，可定量反映作物生长的各项指标（王玉娜等，2020；刘爽等，2021），因此，基于遥感反射率构建不同波段组合的光谱指数在HI估算中得到了较多应用。但由于高光谱数据相邻波段信息相关性高，信息冗余性大，如何准确确定HI估算高光谱敏感波段中心仍是一个有待深入研究的问题。另外，由于多光谱卫星遥感各种传感器波段中心位置和波段宽度均有所不同，这也导致筛选出的高光谱敏感波段中心和宽度与实际多光谱卫星波段匹配存在不一致的问题（Liang et al., 2020；黄婷等，2020），从而影响HI估测精度的进一步提高。因此，在确定冠层高光谱敏感波段中心的基础上，寻找能够满足收获指数遥感估算精度要求的最大波段宽度，也成为一个亟待解决的问题。

针对已有基于遥感信息的收获指数估算研究对籽粒灌浆过程中作物生物

量变化和收获指数变化过程考虑不足且估算精度有待进一步提高的现状，本研究以冬小麦为研究对象，在前人提出的作物f_G参数基础上，充分考虑开花后作物生物量动态变化和收获指数形成过程，在提出动态f_G参数（Dynamic f_G，D-f_G）基础上，以开花后不同时期的作物冠层高光谱数据为遥感数据源，开展基于归一化差值光谱指数（Normalized difference spectral index，NDSI）的D-f_G冠层高光谱遥感获取和田间冠层尺度作物动态收获指数（Dynamic harvest index，D-HI）准确估算。最后，通过波段扩展确定能够满足收获指数估算精度的高光谱敏感波段最大波段宽度，以期实现基于敏感波段中心D-f_G遥感获取的冠层高光谱HI估算，也为今后基于窄波段高光谱卫星和宽波段多光谱卫星遥感数据进行区域收获指数遥感估算提供方法借鉴和理论依据。

2.1 研究区概况

研究区（115.6°~115.78°E，37.88°~38.03°N）位于中国北方粮食生产基地黄淮海平原内河北省深州市东部的榆科镇和护驾迟镇，面积约200km²（图2-1）。研究区内地势平坦，土层深厚，主要土壤类型为壤质潮土，自然条件和作物种植结构较为均一。该研究区域属于暖温带半干旱区季风气候，年平均降水量约480mm，年均温度约为13.4℃，无霜期200d左右，该区域

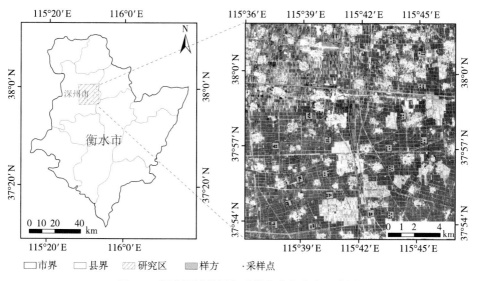

图2-1 研究区域位置与采样点空间分布示意图

为冬小麦—夏玉米一年两熟轮作种植制度。其中，冬小麦播种面积占研究区耕地面积的90%以上。冬小麦种植时间为10月上中旬，返青期为第二年3月上中旬，拔节期为3月下旬至4月上中旬，抽穗开花期为4月下旬至5月上旬，灌浆—乳熟为5月中下旬，成熟期为6月上旬。

2.2 数据获取与准备

数据获取主要包括作物地上干生物量、冬小麦冠层高光谱和GPS定位信息。在考虑样方分布的均匀性以及样方作物长势具有一定代表性基础上，本试验共布设18个样方，每个样方面积约500m×500m，样方内相对均匀地布设5个采样点，采样点空间分布如图2-1所示。本研究分别在冬小麦开花期（2021年5月3日）、灌浆前期（2021年5月15日）、灌浆后期（2021年5月25日）、成熟期（2021年6月5日）4个关键时期进行数据采集。每次试验获取90个样本数据。本研究以冬小麦开花期为时间基准，共获取了灌浆前期、灌浆后期和成熟期3个时期270个地面样本数据，根据3∶2的比例将其分为建模数据集（n=162）和验证数据集（n=108）（谭昌伟等，2015）。

2.2.1 地上干生物量数据获取

在冬小麦开花期、灌浆前期、灌浆后期和成熟期，根据GPS记录的每个采样点坐标信息，分别在每个采样点处沿麦垄方向取1行20cm长度冬小麦地上部分为样本（图2-2），将茎、叶、穗分离，随后将分离的冬小麦茎、叶、穗放入105℃烘箱进行杀青处理30min，然后将样本在85℃条件下烘干48h以上，直至质量恒定再进行称量。然后，将冬小麦茎、叶、穗的干物质量进行相加，根据种植密度和样本干物质量换算成单位面积的冬小麦地上干生物量。最终，分别对各个采样点小麦穗进行脱粒处理，并记录各个采样点的籽粒质量。

2.2.2 地面高光谱数据获取及预处理

冬小麦冠层光谱利用美国ASD公司（Analytical Spectral Devices，Inc.）生产的Field Spec 4光谱辐射仪采集，该光谱仪测量范围为350～2 500nm。其中，350～1 000nm波长内采样间隔为1.4nm，1 000～2 500nm波长内采样间隔为2nm，重采样后光谱间隔为1nm。冠层光谱测定选择在天气状况良好、阳光照射充足时进行，观测时间范围为10—14时。光谱测量前用标准白板校正，测量时探头垂直向下，光谱装置探头视角为25°，探头距离作物冠层顶部高度约为0.5m，以保证冬小麦样本处于探测视场内，同时减少下垫面光谱反射对测定结果的影响，具体如图2-2所示。每个采样点测量的10条光谱数据，取其均值作为该采样点的光谱反射率值。然后，采用9点加权移动平均法对每个采样点的光谱曲线进行平滑去噪处理。图2-3是深州市调查样方采样点经过光谱平均和光谱平滑后的不同生育期冬小麦冠层高光谱曲线。

图2-2 冬小麦地上生物量取样与地面高光谱数据观测

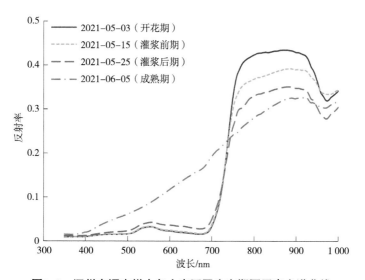

图2-3 深州市调查样方冬小麦不同生育期冠层高光谱曲线

2.3　主要研究方法

2.3.1　技术路线

在Kemanian等（2007）提出的基于实测成熟期f_G进行作物收获指数估算方法基础上，本研究提出了基于动态f_G参数（D-f_G）遥感信息的动态收获指数（D-HI）遥感估算方法。首先，在冠层高光谱构建归一化差值光谱指数（NDSI）与D-f_G间相关性研究基础上，绘制并分析NDSI与冬小麦D-f_G间拟合精度R^2二维图；其次，确定R^2极大值区域和极大值区域重心，进而确定冬小麦D-f_G估算的敏感波段中心，并对基于敏感波段中心的D-f_G估算结果进行精度验证；再次，对敏感波段中心进行波段宽度扩展，确定冬小麦D-f_G估算敏感波段最大波段宽度，并对基于最大波段宽度的D-f_G估算结果进行精度验证；最后，构建实测D-HI和实测D-f_G间统计模型，分别利用上述敏感波段中心以及最大波段宽度构建NDSI获取D-f_G遥感参数信息进行作物动态收获指数估算，并对作物收获指数分别进行精度验证。上述基于敏感波段中心以及最大波宽开展的D-f_G参数估算和HI估算可以为窄波段高光谱遥感和宽波段多光谱遥感的作物收获指数获取奠定理论基础。具体技术路线如图2-4所示。

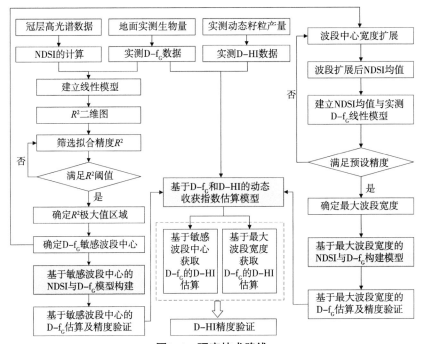

图2-4　研究技术路线

2.3.2　相关参数的构建和计算

2.3.2.1　D-f$_G$参数的构建

本研究考虑了开花期—成熟期f$_G$参数的动态变化过程，提出了花后累积地上生物量比例动态参数（D-f$_G$），即以作物开花期地上生物量为基准，作物开花期至采样时期（如灌浆前期、灌浆后期和成熟期）累积的地上生物量与对应采样时期地上生物量间比值。D-f$_G$计算方法如下：

$$D\text{-}f_G = \frac{W_{\text{post}}}{W_{\text{whole}}} = \frac{W_t - W_a}{W_t} \qquad (2\text{-}1)$$

式中，D-f$_G$为花后累积地上生物量比例动态参数；W_{post}为冬小麦开花期至t采样时间范围内累积的地上生物量，kg/hm^2；W_{whole}为t采样时间对应的地上生物量，kg/hm^2；W_t为t采样时间对应的地上干物质量，kg/hm^2；W_a为开花期地上干物质量，kg/hm^2。

2.3.2.2　动态收获指数的构建

对粮食作物（如小麦、玉米等）来说，随着籽粒逐步灌浆，收获指数呈现一定动态变化过程，直到成熟阶段达到最大值。因此，本研究将冬小麦籽粒灌浆过程中获取的各观测时间收获指数称为动态收获指数（Dynamic harvest index，D-HI）。其中，冬小麦灌浆至成熟期不同采样时间的冬小麦D-HI计算公式如下：

$$D\text{-}HI = \frac{W_{Z,t}}{W_{A,t}} \qquad (2\text{-}2)$$

式中，D-HI为作物动态收获指数；$W_{Z,t}$为灌浆至成熟期t采样时间对应的冬小麦籽粒干重，kg/hm^2；$W_{A,t}$为t采样时间对应的冬小麦地上干生物量，kg/hm^2。

2.3.2.3　归一化差值光谱指数（NDSI）的计算

为了充分利用冠层高光谱数据波长所包含的信息，更准确筛选出作物冠层高光谱与冬小麦D-f$_G$间相关性最高的波段组合，本研究对冬小麦采样点的光谱反射率数据任意两波段进行组合，构建归一化差值光谱指数（NDSI）（Chen et al.，2018；陈秀青等，2020；陈晓凯等，2020），计算公式如下：

$$\text{NDSI}(\lambda_1, \lambda_2) = \frac{R_{\lambda_1} - R_{\lambda_2}}{R_{\lambda_1} + R_{\lambda_2}} \qquad (2\text{-}3)$$

式中，λ_1、λ_2表示在350～1 000nm的任意波长λ_1和λ_2；R_{λ_1}、R_{λ_2}分别为λ_1、λ_2波长所对应的光谱反射率；NDSI（λ_1，λ_2）为λ_1、λ_2波长条件下NDSI值。考虑到作物光谱在1 350～1 415nm和1 800～1 950nm受大气和水蒸气影响较大（任建强等，2018），且本研究主要针对可见光—近红外波段范围进行研究，因此，本研究在350～1 000nm波段范围进行D-f$_G$估算遥感敏感波段筛选及动态收获指数遥感估算。

2.3.3   冬小麦D-f$_G$估算敏感波段中心与最大波宽的确定

2.3.3.1   敏感波段中心的确定

作物高光谱数据波段众多且波段间的相关性较高，导致光谱信息的冗余度增加，为进一步提高D-f$_G$参数遥感估算模型的准确性，本研究对D-f$_G$参数估算敏感波段中心进行筛选。首先，利用350～1 000nm波段范围内作物冠层高光谱数据构建的NDSI与冬小麦D-f$_G$间进行线性拟合，得到NDSI与冬小麦D-f$_G$间拟合R^2（Coefficient of determination）二维图，并确定NDSI与冬小麦D-f$_G$间相关性高的波段区域；其次，在该区域内寻找R^2极大值点，并遍历该点八邻域内满足阈值条件的所有点，将这些点的集合标记为R^2极大值区域（Ω）；最后，计算R^2极大值区域的重心，将其作为每个R^2极大值区域的敏感波段中心。由于R^2极大值区域并不是均匀分布的，R^2极大值点与R^2极大值区域重心不一定完全重合，导致R^2极大值点对应波段不一定与最优波段中心重合。因此，为了所选波段中心能够找到最大波段宽度，且使利用所选波段宽度进行收获指数估算的结果更具稳定性，本研究根据R^2极大值区域重心法获得敏感波段中心，从而确定D-f$_G$估算的敏感波段中心和波段组合（刘斌等，2016）。敏感波段中心的计算公式如下：

$$\begin{cases} \overline{u} = \dfrac{\sum\limits_{(u,v)\in\Omega} uf(u,v)}{\sum\limits_{(u,v)\in\Omega} f(u,v)} \\[4mm] \overline{v} = \dfrac{\sum\limits_{(u,v)\in\Omega} vf(u,v)}{\sum\limits_{(u,v)\in\Omega} f(u,v)} \end{cases} \tag{2-4}$$

式中，$f(u,v)$ 为波段坐标 (u,v) 的 R^2 值；Ω 为极大值区域；$(\overline{u},\overline{v})$ 为敏感波段中心坐标。

2.3.3.2 最大波段宽度的确定

在确定敏感波段中心的基础上，以敏感波段中心为起始点，以光谱仪最小分辨率1nm为步长扩大波段宽度，同时计算对应波长范围NDSI均值。然后，将NDSI与冬小麦实测D-f_G构建模型，并对该模型进行验证。其中，检验统计指标为决定系数（R^2）、归一化均方根误差（Normalized root mean square error，NRMSE）和平均相对误差（Mean relative error，MRE）。本研究主要通过敏感波段中心估算D-f_G的误差允许最大值确定敏感波段最大波段宽度，也就是当NRMSE、MRE达到误差允许最大值15%时所对应的波段宽度，即为敏感波段最大波段宽度（刘斌等，2016）。具体敏感波段中心扩展示意如图2-5所示。

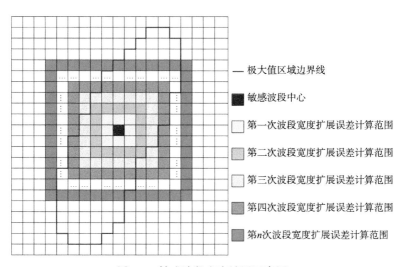

图2-5 敏感波段宽度扩展示意图

2.3.4 基于NDSI的D-f$_G$估算模型构建

在筛选出冬小麦D-f$_G$估算敏感波段中心的基础上，本研究基于敏感波段中心构建的NDSI进行D-f$_G$的遥感估算，为冬小麦动态收获指数的遥感获取奠定基础。NDSI与D-f$_G$间的线性模型如下所示：

$$D \text{-} f_G = a \cdot NDSI(\lambda_1, \lambda_2) + b \qquad (2\text{-}5)$$

式中，λ_1、λ_2分别为筛选出的敏感波段中心所对应的高光谱波长；a为一次项系数；b为常数项。

2.3.5 冬小麦动态收获指数（D-HI）估算模型构建

在Kemanian等（2007）提出的基于成熟期实测f$_G$的HI估算方法基础上，本研究提出了基于D-f$_G$遥感信息的动态收获指数（D-HI）遥感估算方法。D-f$_G$和动态收获指数（D-HI）间统计关系模型如下所示：

$$D \text{-} HI = HI_0 + s \cdot D \text{-} f_G \qquad (2\text{-}6)$$

式中，HI_0为截距，即在作物开花期之后生物量不发生变化情况下动态收获指数的值，也就是当D-f$_G$为0时，D-HI的值；s为D-HI与D-f$_G$线性关系中的斜率常数。

2.3.6 模型精度评价

研究中，选择决定系数（Coefficient of determination，R^2）、均方根误差（Root mean square error，RMSE）、归一化均方根误差（Normalized root mean square error，NRMSE）和平均相对误差（Mean relative error，MRE）对D-f$_G$和D-HI的估算模型和估算结果进行精度评价。其中，R^2越接近1，RMSE越小，说明模型拟合能力越好，预测精度越高（谭昌伟等，2015）。当NRMSE≤10%和MRE≤10%时，判断模拟结果精度为极好；当10%<NRMSE≤20%和10%<MRE≤20%时，判断模拟结果精度为良好；当20%<NRMSE≤30%和20%<MRE≤30%时，判断模拟结果精度为一般；当NRMSE>30%和MRE>30%时，判断模拟结果精度为较差。判断指标中，标准优先考虑NRMSE值的大小（Rinaldi et al.，2003；姜志伟等，2012；刘斌等，2016）。具体公式如下：

$$RMSE = \sqrt{\frac{\sum_{i=1}^{n}(o_i - p_i)^2}{n}} \qquad (2-7)$$

$$NRMSE = \frac{\sqrt{\dfrac{\sum_{i=1}^{n}(o_i - p_i)^2}{n}}}{\bar{o}} \times 100\% \qquad (2-8)$$

$$MRE = \frac{1}{n}\sum_{i=1}^{n}\left|\frac{o_i - p_i}{o_i}\right| \times 100\% \qquad (2-9)$$

式中，i（i=1，2，…，n）为样本数；o_i、p_i分别表示实测值和估测值；$\bar{o}$为实测值均值。

2.4　结果与分析

2.4.1　基于敏感波段中心和最大波宽构建NDSI的D-f$_G$遥感估算

2.4.1.1　冬小麦冠层高光谱NDSI计算结果

在对每个采样点作物冠层高光谱数据预处理基础上，利用Matlab软件根据公式（2-3）计算并绘制任意两波段组合的NDSI，获得冬小麦NDSI分布图。其中，在350～1 000nm高光谱范围内任意两波段间组合及相关NDSI值共有650个×650个。本研究仅展示冬小麦每个生育期其中一个采样点的冠层高光谱NDSI结果。图2-6所示4幅NDSI分布图是冬小麦单个采样点开花期、灌浆前期、灌浆后期和成熟期4个不同生育期的NDSI计算结果。其中，横坐标（λ_1）、纵坐标（λ_2）均为作物冠层高光谱波长，波长范围为350～1 000nm，横、纵轴构成二维空间所对应的点为任意两波段λ_1、λ_2所对应的反射率计算的NDSI值。

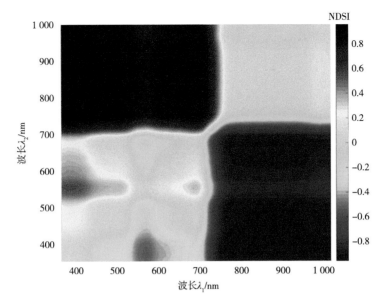

（a）2021-05-03（开花期）

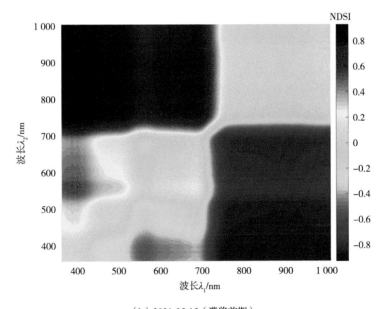

（b）2021-05-15（灌浆前期）

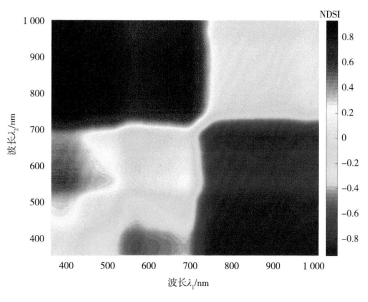

（c）2021-05-25（灌浆后期）

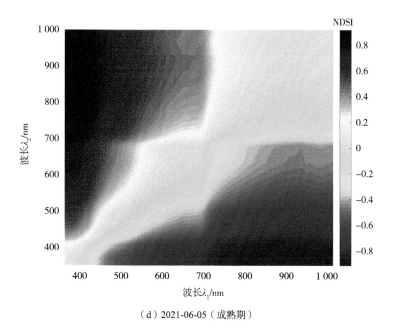

（d）2021-06-05（成熟期）

图2-6 冬小麦NDSI二维分布

注：图为深州市样方中采样点位置（37°54′19″N，115°42′33″E）NDSI计算结果。

2.4.1.2　基于NDSI的D-f$_G$估算高光谱敏感波段中心确定

首先计算获得5月15日、5月25日、6月5日3次地面观测各个采样点的NDSI和D-f$_G$等数据指标，其中，D-f$_G$的计算以5月3日开花期冬小麦地上生物量为基准。研究中，利用Matlab软件，将162个地面实测D-f$_G$数据分别与650个×650个NDSI数据建立线性模型。最终，获得了NDSI与D-f$_G$间拟合精度R^2二维图，如图2-7所示。图2-7中，横、纵坐标为350～1 000nm波长范围的作物冠层高光谱波长，横、纵轴构成R^2二维空间所对应的点共计650个×650个，且每个R^2二维空间点是对应两波段（λ_1，λ_2）组合所构建的NDSI（λ_1，λ_2）值与实测D-f$_G$间拟合精度R^2。从图2-7可以看出，拟合精度R^2以（350，350）、（1 000，1 000）两点间连线为对称轴呈对称分布，从中可以得到NDSI与D-f$_G$相关性较大的区域及相关波段信息。

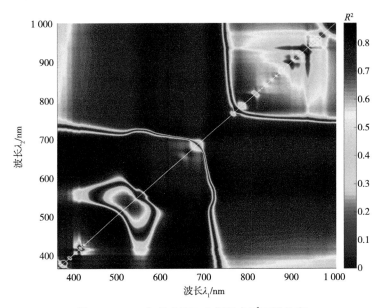

图2-7　NDSI与冬小麦D-f$_G$间拟合R^2二维分布

由于特征波段较多且高度集中，不易有效区分和筛选，因此，进一步通过调整R^2临界值，进而确定D-f$_G$估算的敏感波段中心和波段组合。根据相关系数显著性检验表，样本数量$n=162$时，在0.05显著性水平上，当$R^2>0.023\ 8$时，NDSI与D-f$_G$呈现显著相关关系；在0.01显著性水平上，当$R^2>0.040\ 7$时，NDSI与D-f$_G$呈现极显著相关关系。为了进行有效区分和筛选，保证敏感波段中心确定的精度和可靠性，选择符合$R^2>0.040\ 7$的R^2二维区域进行研究，即在图2-7中寻找$R^2>0.040\ 7$的极大值点，遍历该点八邻域内所有$R^2>0.040\ 7$的点，将这些点的集合标记为极大值区域（Ω），并以$R^2=0.05$为梯度显示R^2的分布区域。为了更直观地显示敏感波段的分布范围，这里仅对$R^2\geqslant0.6$的结果进行显示，具体结果如图2-8所示。

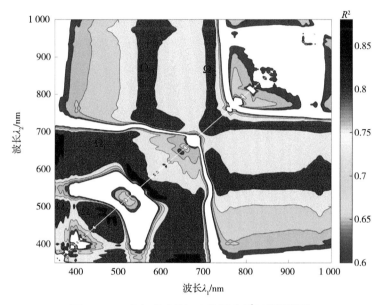

图2-8 NDSI与冬小麦D-f_G间拟合R^2二维等值线

为了提高所选高光谱敏感波段中心估算D-f_G的精度，最终选择图2-8中$R^2>0.8$的R^2二维区域进行敏感波段中心的确定研究。图2-8中$\Omega_A\sim\Omega_E$为满足$R^2>0.8$的R^2极大值区域，具体结果如下：Ω_A范围在横轴350～390nm和纵轴450～520nm；Ω_B范围在横轴410～500nm和纵轴480～520nm；Ω_C范围在横轴350～560nm和纵轴580～700nm；Ω_D范围在横轴540～650nm和纵轴700～1 000nm；Ω_E范围在横轴690～750nm和纵轴700～1 000nm。在确定NDSI与D-f_G的敏感区域后，通过公式（2-4）计算每一个R^2极大值区域重心（λ_1，λ_2），其中，λ_1为极大值区域重心横坐标，λ_2为极大值区域纵坐标。最终获得$\Omega_A\sim\Omega_E$的重心所对应的波段组合分别为λ（366nm，489nm）、λ（443nm，495nm）、λ（449nm，643nm）、λ（579nm，856nm）和λ（715nm，849nm）。

2.4.1.3 基于敏感波段中心和最大波宽构建NDSI的D-f$_G$遥感估算验证

（1）基于敏感波段中心的冬小麦D-f$_G$估算总体精度验证。根据筛选出的D-f$_G$估算冠层高光谱敏感中心，分别确定其敏感波段并计算NDSI。再根据公式（2-5）利用162个敏感波段中心构建的NDSI与冬小麦D-f$_G$构建线性模型，并用其余108个采样点数据进行精度验证。基于敏感波段中心构建的NDSI与D-f$_G$间统计关系如表2-1所示。从表2-1可以看出，筛选出的5个D-f$_G$估算冠层高光谱敏感波段中心构建的NDSI拟合D-f$_G$在$P<0.01$水平上均达到极显著水平，模型决定系数（R^2）在0.805 9 ~ 0.847 5。

通过验证数据集（$n=108$）进行精度检验可知，筛选出的5个冠层高光谱敏感波段中心构建的NDSI和D-f$_G$间统计模型具有较好的D-f$_G$估算效果，均达到了高精度水平（表2-1和图2-9）。其中，RMSE在0.036 1 ~ 0.050 4，NRMSE在10.46% ~ 14.59%，MRE在9.49% ~ 12.78%。此外，筛选出的敏感波段中心λ（715nm，849nm）构建的NDSI估测冬小麦D-f$_G$精度最高，其决定系数（R^2）达到0.948 1，RMSE、NRMSE和MRE分别为0.036 1、10.46%、9.49%。

表2-1 基于敏感波段中心构建的NDSI与D-f$_G$间统计关系及D-f$_G$精度验证

D-f$_G$敏感波段中心		基于NDSI的D-f$_G$拟合方程（$n=162$）		D-f$_G$精度验证（$n=108$）			
λ_1/nm	λ_2/nm	拟合方程	R^2	R^2	RMSE	NRMSE/%	MRE/%
366	489	$y=0.951\ 3x-0.053\ 0$	0.823 2**	0.917 1**	0.044 9	12.98	12.19
443	495	$y=2.078x+0.082\ 8$	0.847 5**	0.930 7**	0.041 1	11.90	11.00
449	643	$y=0.810\ 6x+0.088\ 5$	0.843 8**	0.930 5**	0.043 1	12.46	11.63
579	856	$y=-0.787x+0.901\ 6$	0.805 9**	0.906 4**	0.050 4	14.59	12.78
715	849	$y=-0.65x+0.646\ 3$	0.809 7**	0.948 1**	0.036 1	10.46	9.49

注：拟合方程中x为波段λ_1、λ_2构建的NDSI，y为拟合的冬小麦D-f$_G$；n为样本数量；**表示在$P<0.01$水平极显著相关。

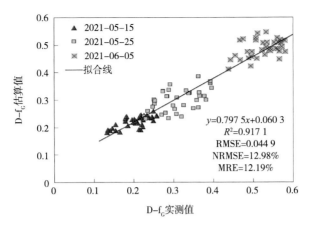

（a）λ（366nm，489nm）

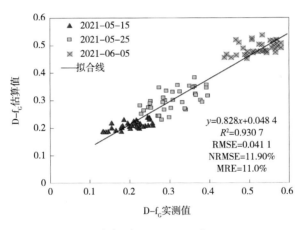

（b）λ（443nm，495nm）

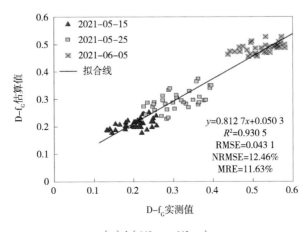

（c）λ（449nm，643nm）

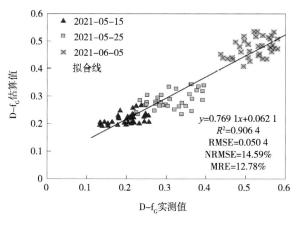

（d）λ（579nm，856nm）

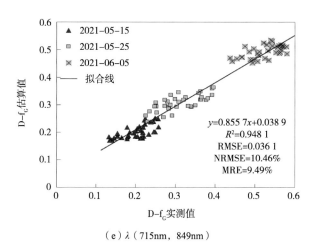

（e）λ（715nm，849nm）

图2-9　基于敏感波段中心构建NDSI的D-f_G估算结果验证

（2）基于最大波段宽度的冬小麦D-f_G估算总体精度验证。在筛选出的5个敏感波段中心λ（366nm，489nm）、λ（443nm，495nm）、λ（449nm，643nm）、λ（579nm，856nm）、λ（715nm，849nm）基础上，开展敏感波段最大波段宽度筛选研究。首先，敏感波段中心两侧同时以1nm为步长扩大波段宽度，同时计算对应波长范围内的NDSI均值；然后，构建NDSI与冬小麦D-f_G间的线性模型，并利用验证数据对该模型进行精度验证；最终，得到不同敏感波段中心及其相关波段扩展下的作物D-f_G估算误差（R^2、NRMSE、MRE）随波长增加的变化曲线，具体结果如图2-10所示。

由图2-10可知，筛选出的5个敏感波段中心随着波段宽度的逐步增加，NDSI与冬小麦D-f_G间统计模型精度验证决定系数（R^2）呈现下降的趋势，归一化均方根误差（NRMSE）、平均相对误差（MRE）则呈现出上升的趋势，这主要是因为敏感波段中心对应的NDSI与冬小麦D-f_G间呈现出最好的相关关系，随着波段逐步扩展，对应的NDSI与冬小麦D-f_G间的相关关系逐渐减弱。

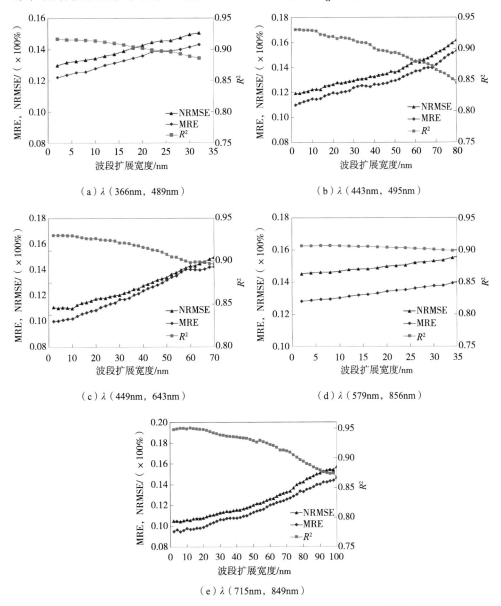

（a）λ（366nm，489nm）

（b）λ（443nm，495nm）

（c）λ（449nm，643nm）

（d）λ（579nm，856nm）

（e）λ（715nm，849nm）

图2-10　D-f_G的估算精度R^2、NRMSE、MRE随波段宽度扩展的变化曲线

因此，随着波段逐步扩展，D-f_G估算精度也逐步降低。当NRMSE、MRE变化在15%以内时，$\Delta R^2 < 0.08$，$\Lambda NRMSE < 5\%$，$\Delta MRE < 5\%$，其中，Δ表示变化量。上述较小的精度指标变化量结果在一定程度上说明了本研究所选D-f_G敏感波段中心及其波段宽度对D-f_G的估算具有一定的稳定性。

最终，根据NRMSE和MRE指标最大允许误差（15%）所对应的波段宽度即为敏感波段最大宽度的判断标准，本研究确定了D-f_G估算敏感波段中心最大波段宽度，具体结果如表2-2所示。从表2-2可知5个敏感波段中心所对应的最大波段宽度分别为30nm、68nm、58nm、20nm和86nm，相关敏感波段中心最大波宽对应的波段范围分别为λ（351～381nm，474～504nm）、λ（409～477nm，461～529nm）、λ（420～478nm，614～672nm）、λ（569～589nm，846～866nm）、λ（672～758nm，806～892nm）。基于最大波段宽度的D-f_G估算结果精度验证如图2-11所示。其中，RMSE在0.0513～0.0518，NRMSE在14.85%～14.98%，MRE在13.43%～14.82%。

表2-2 基于波段最大宽度构建NDSI的D-f_G估算精度验证

D-f_G敏感波段中心		最大波段宽度/nm	基于NDSI的D-f_G拟合方程（n=162）		D-f_G精度验证（n=108）			
λ_1/nm	λ_2/nm		拟合方程	R^2	R^2	RMSE	NRMSE/%	MRE/%
366	489	30	$y=0.980\,0x-0.063\,0$	0.823 1**	0.889 0**	0.051 7	14.95	14.16
443	495	68	$y=2.913\,8x-0.159\,2$	0.809 8**	0.872 5**	0.051 6	14.92	13.97
449	643	58	$y=0.817\,3x+0.081\,7$	0.844 3**	0.900 1**	0.051 6	14.93	14.82
579	856	20	$y=-0.791\,2x+0.904\,0$	0.806 2**	0.904 1**	0.051 8	14.98	13.43
715	849	86	$y=-0.794\,6x+0.685\,4$	0.783 7**	0.884 9**	0.051 3	14.85	13.81

注：拟合方程中x为波段λ_1、λ_2在最大波段宽度内反射率均值构建的NDSI，y为拟合冬小麦D-f_G；n为样本数量；**表示在$P<0.01$水平极显著相关。

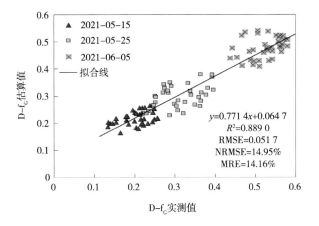

（a）λ（351～381nm，474～504nm）

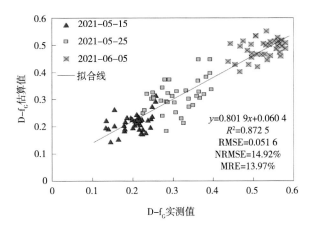

（b）λ（409～477nm，461～529nm）

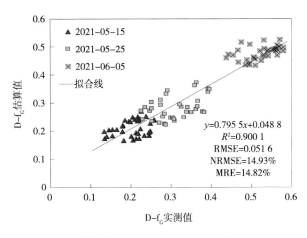

（c）λ（420～478nm，614～672nm）

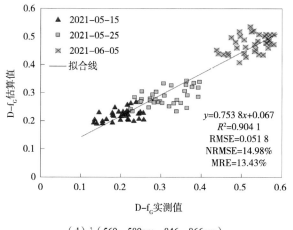

（d）λ（569~589nm，846~866nm）

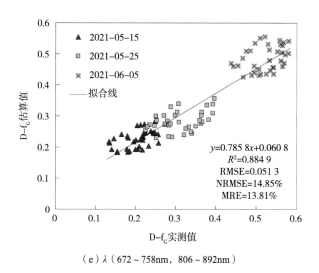

（e）λ（672~758nm，806~892nm）

图2-11　基于敏感波段最大波段宽度的D-f_G估算结果精度验证

2.4.2　基于D-f_G遥感参数的D-HI估算及验证

2.4.2.1　基于D-f_G遥感参数的D-HI估算模型建立

根据不同采集时间的动态冬小麦地上生物量数据和灌浆过程中籽粒产量动态数据，计算162个冬小麦样本点的D-f_G和动态收获指数（D-HI）。在此基础上，对D-f_G和动态收获指数（D-HI）间的相关性进行拟合，得到D-f_G参数和动态收获指数（D-HI）间估算模型，具体如下：

$$D\text{-}HI = 0.104\ 3 + 0.763\ 1 \cdot D\text{-}f_G \qquad\qquad (2\text{-}10)$$

式中，$D\text{-}f_G$ 和动态收获指数（D-HI）构建的线性模型决定系数（R^2）达到 0.940 9（图2-12），这为开展基于 $D\text{-}f_G$ 参数的动态收获指数估算奠定了基础。

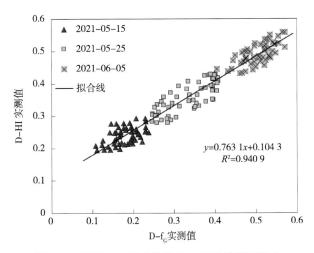

图2-12　基于D-f_G遥感参数的D-HI估算模型建立

2.4.2.2　基于D-f_G遥感参数的D-HI估算精度验证

（1）基于敏感波段中心的冬小麦动态收获指数总体精度验证。确定冬小麦 $D\text{-}f_G$ 和动态收获指数（D-HI）间估算模型的基础上，利用验证数据集（$n=108$）的冠层高光谱数据计算出 λ（366nm，489nm）、λ（443nm，495nm）、λ（449nm，643nm）、λ（579nm，856nm）和 λ（715nm，849nm）5个敏感波段中心构建的 NDSI（λ_1，λ_2）。然后，根据 NDSI 与 $D\text{-}f_G$ 间统计模型，从而获得每个敏感波段中心对应的 $D\text{-}f_G$ 遥感参数。在此基础上，将上述 $D\text{-}f_G$ 遥感参数代入公式（2-10）中基于 $D\text{-}f_G$ 参数的 D-HI 遥感估算模型，从而获得每个敏感波段中心条件下的 D-HI 估算结果。最终，根据验证数据集（$n=108$）中实测 D-HI 进行总体精度验证，冬小麦收获指数总体精度验证结果如表2-3和图2-13所示。从表2-3可知，在筛选出的5个冠层高光谱敏感波段中心条件下，基于高光谱敏感波段获取 $D\text{-}f_G$ 遥感参数的 D-HI 估算验证结果均达到了高精度水平，其拟合精度 R^2 在 0.891 8 ~ 0.954 5，RMSE 在

0.039 1～0.053 2，NRMSE在10.50%～14.28%，MRE在9.27%～13.25%。其中，基于高光谱敏感波段中心λ（715nm，849nm）估算D-f$_G$参数的D-HI估测结果精度最高，其决定系数（R^2）为0.954 5，RMSE、NRMSE和MRE分别为0.039 1、10.50%和9.27%。这主要是由于715nm位于作物光谱的"红边"位置，该区域能够反映作物叶绿素含量、生物量、生长状况等变化信息，而849nm位于近红外波段，作物在该波段具有强烈的反射，由于红边和近红外波段具有明显的反差，因此，由上述两波段构成的NDSI能很好地反映作物长势、生长状况以及D-f$_G$等信息，加之D-f$_G$和D-HI间具有较好的正相关关系，因此，高光谱敏感波段中心λ（715nm，849nm）获得的D-HI估算精度最高。

表2-3　基于敏感波段中心的D-HI估算模型总体精度验证

D-f$_G$敏感波段中心		D-HI精度验证（n=108）			
λ_1/nm	λ_2/nm	R^2	RMSE	NRMSE/%	MRE/%
366	489	0.897 2**	0.049 3	13.24	12.27
443	495	0.927 1**	0.044 3	11.90	10.84
449	643	0.928 7**	0.046 0	12.34	11.32
579	856	0.891 8**	0.053 2	14.28	13.25
715	849	0.954 5**	0.039 1	10.50	9.27

注：**表示在P<0.01水平极显著相关；n代表样本数据。

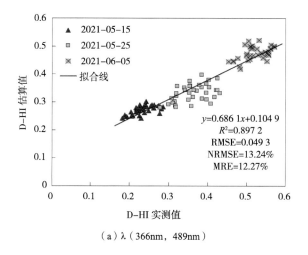

（a）λ（366nm，489nm）

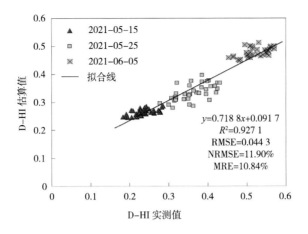

（b）λ（443nm，495nm）

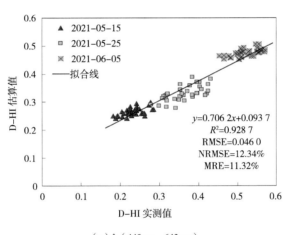

（c）λ（449nm，643nm）

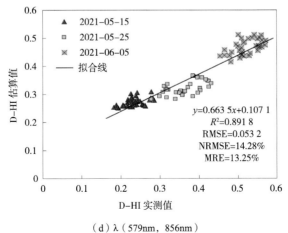

（d）λ（579nm，856nm）

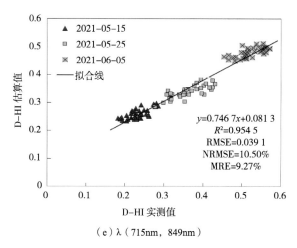

（e）λ（715nm，849nm）

图2-13　基于高光谱敏感波段中心D-f$_G$参数的D-HI估算结果验证

（2）基于敏感波段中心的冬小麦单个生育期D-HI精度验证。除利用验证数据集（n=108）进行基于敏感波段中心的冬小麦动态收获指数总体精度验证外，还针对5月15日、5月25日、6月5日等不同采样时期对应的灌浆前期、灌浆后期和成熟期的D-HI估算效果进行精度评价，每个采样时期对应的检验数据集（n=36），具体结果如表2-4至表2-6。总体看，基于高光谱敏感波段D-f$_G$参数获取的D-HI遥感估算方法在不同生育期（灌浆前期、灌浆后期和成熟期）均达到了较高的精度水平，且不同生育时期估算D-HI的最高精度排序为灌浆前期<灌浆后期<成熟期，以上结果充分说明了本研究提出的D-HI遥感估算方法具有一定的可行性，且对于通过作物动态生长过程准确获取动态收获指数具有重要意义。

表2-4　基于敏感波段中心的冬小麦灌浆前期D-HI精度验证

D-f$_G$敏感波段中心		灌浆前期D-HI精度验证（n=36）			
λ_1/nm	λ_2/nm	R^2	RMSE	NRMSE/%	MRE/%
366	489	0.344 1**	0.044 8	19.18	18.36
443	495	0.352 2**	0.038 3	16.39	15.12
449	643	0.368 2**	0.038 5	16.46	15.48
579	856	0.224 9**	0.045 7	19.57	18.16
715	849	0.506 5**	0.031 8	13.61	12.22

表2-5　基于敏感波段中心的冬小麦灌浆后期D-HI精度验证

D-f$_G$敏感波段中心		灌浆后期D-HI精度验证（n=36）			
λ_1/nm	λ_2/nm	R^2	RMSE	NRMSE/%	MRE/%
366	489	0.220 1**	0.048 4	13.34	9.64
443	495	0.370 8**	0.043 1	11.87	9.27
449	643	0.436 6**	0.045 1	12.42	9.67
579	856	0.345 8**	0.052 5	14.48	11.43
715	849	0.586 9**	0.036 9	10.16	7.72

表2-6　基于敏感波段中心的冬小麦成熟期D-HI精度验证

D-f$_G$敏感波段中心		成熟期D-HI精度验证（n=36）			
λ_1/nm	λ_2/nm	R^2	RMSE	NRMSE/%	MRE/%
366	489	0.219 9**	0.054 3	10.41	8.80
443	495	0.255 1**	0.050 8	9.73	8.14
449	643	0.340 6**	0.053 3	10.22	8.81
579	856	0.278 8**	0.060 3	11.57	10.16
715	849	0.464 9**	0.047 2	9.04	7.88

注：表2-4、表2-5、表2-6中，n代表验证数据集的样本数量；**表示在$P<0.01$水平极显著相关。

（3）基于敏感波段中心最大波宽的冬小麦动态收获指数总体精度验证。经过最大波段宽度筛选，在确定NDSI波长最大宽度及其估算D-f$_G$的基础上，将最大宽度波段构建NDSI估算的D-f$_G$代入式（2-10）中的D-HI遥感估算模型中，从而获得每个敏感波段中心最大波宽波段的D-HI估算结果。最终，根据验证数据集（n=108）中实测D-HI进行精度验证，具体结果如表2-7和

图2-14所示。从表2-7中可知，基于最大波段宽度构建NDSI估算D-f$_G$的D-HI估测结果均达到了高精度水平，其拟合精度R^2在0.844 9～0.888 0，RMSE在0.053 6～0.054 6，NRMSE在14.38%～14.65%，MRE在12.95%～13.70%。其中，基于λ（672～758nm，806～892nm）估算D-f$_G$参数的D-HI估测结果精度最高，其对应的波段位于红光和近红外波段，可与宽波段多光谱遥感卫星波段相对应，这为卫星遥感波段设置和波段数据选择提供一定理论依据，为基于宽波段多光谱卫星遥感实现大范围收获指数空间信息获取提供一定指导。

表2-7　基于敏感波段中心最大波宽的D-HI精度验证

D-f$_G$敏感波段中心		最大波段宽度/nm	D-HI精度验证（n=108）			
λ_1/nm	λ_2/nm		R^2	RMSE	NRMSE/%	MRE/%
366	489	30	0.872 5**	0.054 0	14.48	13.28
443	495	68	0.844 9**	0.053 7	14.41	12.98
449	643	58	0.885 8**	0.053 8	14.44	12.95
579	856	20	0.888 0**	0.054 6	14.65	13.70
715	849	86	0.863 2**	0.053 6	14.38	13.12

注：**表示在P<0.01水平极显著相关；n代表样本数据。

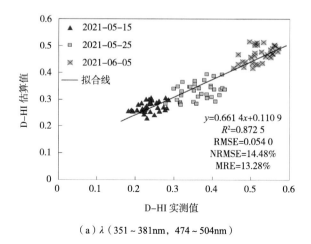

（a）λ（351～381nm，474～504nm）

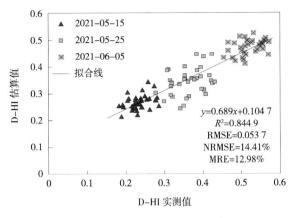

（b）λ（409～477nm，461～529nm）

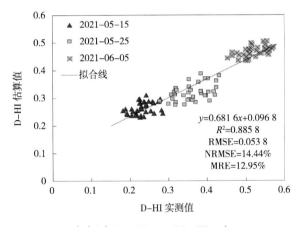

（c）λ（420～478nm，614～672nm）

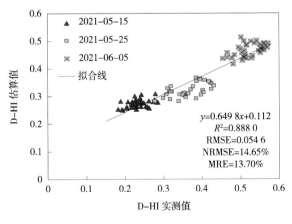

（d）λ（569～589nm，846～866nm）

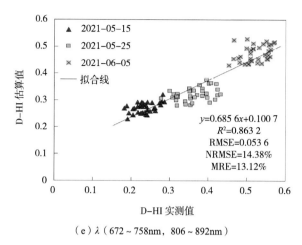

（e）λ（672～758nm，806～892nm）

图2-14　基于敏感波段中心最大波宽的D-HI精度验证

（4）基于敏感波段中心最大波宽的冬小麦单个生育期D-HI精度验证。除利用验证数据集（$n=108$）进行基于敏感波段中心最大波宽的冬小麦D-HI总体精度验证外，还分别对5月15日、5月25日、6月5日等不同采样时期对应的灌浆前期、灌浆后期和成熟期的D-HI估算效果进行精度评价，每个采样时期对应的检验数据集（$n=36$），具体结果如表2-8至表2-10。总体上，基于敏感波段中心最大波宽的冬小麦单个生育期D-HI精度验证在不同生育期（灌浆前期、灌浆后期和成熟期）均达到了较高的精度水平，且不同生育时期估算D-HI的最高精度排序为灌浆前期<灌浆后期<成熟期。以上结果说明了本研究提出的D-HI遥感估算方法可以实现将粒灌浆过程中收获指数的动态变化估测，证明了本研究提出的方法具有较强的适用性，这对基于光学高光谱和多光谱卫星遥感信息的作物收获指数估算具有很好的应用前景。

表2-8　基于敏感波段中心最大波宽的冬小麦灌浆前期D-HI精度验证

D-f_G敏感波段中心		最大波段宽度/nm	灌浆前期D-HI精度验证（$n=36$）			
λ_1/nm	λ_2/nm		R^2	RMSE	NRMSE/%	MRE/%
366	489	30	0.135 1*	0.046 7	19.98	18.51
443	495	68	0.145 9*	0.045 5	19.49	17.17
449	643	58	0.126 3*	0.042 1	17.99	16.37
579	856	20	0.170 5*	0.047 8	20.43	19.03
715	849	86	0.227 6**	0.045 2	19.34	17.50

表2-9 基于敏感波段中心最大波宽的冬小麦灌浆后期D-HI精度验证

D-f$_G$敏感波段中心		最大波段宽度/nm	灌浆后期D-HI精度验证（n=36）			
λ_1/nm	λ_2/nm		R^2	RMSE	NRMSE/%	MRE/%
366	489	30	0.117 5*	0.052 5	14.48	11.04
443	495	68	0.117 3*	0.055 3	15.25	12.06
449	643	58	0.234 3**	0.056 9	15.69	12.28
579	856	20	0.352 8**	0.053 0	14.60	11.58
715	849	86	0.157 9*	0.056 7	15.63	12.23

表2-10 基于敏感波段中心最大波宽的冬小麦成熟期D-HI精度验证

D-f$_G$敏感波段中心		最大波段宽度/nm	成熟期D-HI精度验证（n=36）			
λ_1/nm	λ_2/nm		R^2	RMSE	NRMSE/%	MRE/%
366	489	30	0.233 6**	0.061 6	11.81	10.29
443	495	68	0.138 4*	0.059 3	11.37	9.72
449	643	58	0.282 2**	0.060 7	11.63	10.20
579	856	20	0.244 1**	0.062 1	11.90	10.50
715	849	86	0.120 5*	0.057 9	11.10	9.61

注：表2-8、表2-9、表2-10中，n代表验证数据集的样本数量；**表示在P<0.01水平极显著相关；*表示在P<0.05水平显著相关。

2.5 本章小结

（1）在充分考虑作物生长过程中生物量和籽粒产量的动态变化基础上，以冠层高光谱为遥感数据，将传统f$_G$参数发展为动态f$_G$参数，提出了基于D-f$_G$参数遥感获取的田间冠层尺度动态收获指数遥感估测技术方法。其中，在归一化差值光谱指数（NDSI）与D-f$_G$间相关性研究基础上，通过拟合精度R^2极大值区域重心方法确定了冬小麦D-f$_G$估算的敏感波段中心，并利用敏感波段中心构建的NDSI实现了D-f$_G$的准确估算。在此基础上，基于实测的D-f$_G$和D-HI间统计关系模型，利用D-f$_G$遥感参数信息实现了动态收获指数（D-HI）的遥感估算。通过与实测数据对比可知，本研究提出的田间冠层尺度动态收获指数遥感估测技术方法取得了较好结果，证明本研究D-HI估算方法具有一定可行性，为开展利用窄波段高光谱遥感进行作物收获指数估测提供了新思路。此外，在确定敏感波段中心的基础上，本研究进行敏感波段宽度扩展研究，获取了冬小麦D-f$_G$估算的最大波段宽度，为利用宽波段多光谱卫星进行D-f$_G$参数估算和收获指数获取提供了一定技术参考。

（2）在基于敏感波段筛选的D-f$_G$估算中，本研究在筛选出的λ（366nm，489nm）、λ（443nm，495nm）、λ（449nm，643nm）、λ（579nm，856nm）、λ（715nm，849nm）5个冠层高光谱敏感波段中心基础上，D-f$_G$遥感估算均达到了高精度水平。其中，D-f$_G$遥感估算的RMSE在0.036 1~0.050 4，NRMSE在10.46%~14.59%，MRE在9.49%~12.78%。其中，筛选出的敏感波段中心λ（715nm，849nm）构建的NDSI估测冬小麦D-f$_G$精度最高，其决定系数（R^2）达到0.948 1，RMSE、NRMSE和MRE分别为0.036 1、10.46%、9.49%；在利用D-f$_G$遥感参数进行动态收获指数（D-HI）的遥感估算中，5个冠层高光谱敏感波段中心条件下D-HI估算结果均达到了高精度水平。其中，D-HI估算的RMSE在0.039 1~0.053 2，NRMSE在10.50%~14.28%，MRE在9.27%~13.25%。其中，基于高光谱敏感波段中心λ（715nm，849nm）估算D-f$_G$参数的D-HI估测结果精度最高，其决定系数（R^2）达到0.954 5，RMSE、NRMSE和MRE分别为0.039 1、10.50%、9.27%。此外，本研究提出的基于高光谱敏感波段D-f$_G$参数获取的D-HI遥感估算方法在不同生育期（灌浆前期、灌浆后期和成熟期）均达到了较高的精度水平，且不同生育时期估算D-HI的最高精度排序为灌浆前期<灌浆后期<成熟期，以上结果充分说明了本研究提出的D-HI遥感估算方法具有一定的可行性，为基于高光谱遥感卫星获取动态收获指数信息奠定基础。

（3）在基于敏感波段扩展的D-f$_G$估算和D-HI获取中，当NRMSE、MRE的最大允许误差为15%时，得到5个敏感波段中心所对应的最大波段宽度分别为30nm、68nm、58nm、20nm和86nm。基于上述最大波段宽度的冬小麦D-f$_G$估算精度RMSE在0.051 3 ~ 0.051 8，NRMSE在14.85% ~ 14.98%，MRE在13.43% ~ 14.82%；基于最大波段宽度获取的D-HI估算结果中，RMSE在0.053 6 ~ 0.054 6，NRMSE在14.38% ~ 14.65%，MRE在12.95% ~ 13.70%。此外，基于敏感波段中心最大波宽的冬小麦单个生育期D-HI精度验证在不同生育期（灌浆前期、灌浆后期和成熟期）均达到了较高的精度水平，不同生育时期估算D-HI的最高精度排序为灌浆前期<灌浆后期<成熟期，研究结果对基于宽波段多光谱遥感卫星获取动态收获指数信息具有重要指导意义。

基于无人机高光谱数据的小区域
尺度作物收获指数遥感估算

作物收获指数（Harvest index，HI）是评价作物单产水平和栽培成效的重要生物学参数，也是作物产量进一步提高的重要决定因素之一（Long et al.，2015）。对粮食作物来说，收获指数是指作物籽粒产量占作物地上生物量的百分数，该指标本质反映了作物同化产物在籽粒和营养器官中的分配比例（Donald，1962；Donald和Hamblin，1976）。快速准确地获取作物收获指数信息对于农学家和育种专家选育作物新品种、品种改良、作物栽培技术优化与效果评价具有重要科学意义，同时，对农业管理部门及时掌握农作物长势和作物产量估算信息，有效开展农业生产管理也具有重要指导意义（Lorenz et al.，2010；Fan et al.，2017；Hu et al.，2019）。

目前，作物收获指数研究主要基于田块尺度农学试验层面，大多侧重于作物品种选育和栽培、作物收获指数动态模拟及其影响因素研究（Soltani et al.，2004；Soltani et al.，2005；Moser et al.，2006），区域尺度作物收获指数空间信息提取方法研究相对较少。获取作物收获指数方法主要有直接法和间接法。直接法主要通过田间取样计算获得，该方法虽然准确但费时费力，很难在大范围内开展，而且无法获得收获指数的连续空间分布信息。间接法主要包括两类。其中，一类是将HI看作时间的函数，通过模拟作物动态收获指数与时间之间的函数关系实现作物收获指数的准确估算，该方法对作物收获指数模拟与估算具有重要指导作用（Moriondo et al.，2007；Fletcher和Jamieson，2009）；另外一类方法主要是基于作物生长过程中的植被信息（如各种遥感植被指数、生物量、作物水分等）和一些环境影响因子（如温度、光照、土壤水分和土壤养分等）与HI建立函数关系进而完成HI的估算（Richards和Townley-Smith，1987；Sadras和Connor，1991）。

其中，遥感凭借其快速、准确、覆盖面积大等优势，已经逐步成为大范围作物收获指数获取的有效技术手段。由于粮食作物生长主要分为营养生长阶段（出苗期—开花前）和生殖生长阶段（开花期—成熟期），上述两个阶段对作物地上生物量和籽粒产量具有重要影响，因此，大多数遥感方法均基于上述两个生长阶段开展作物收获指数的获取研究。如Moriondo等（2007）通过遥感手段获取冬小麦生长季的NDVI数据，根据开花前和开花后两个时段NDVI均值，构建参数1-NDVI$_{post}$/NDVI$_{pre}$估算HI的空间分布，该方法对利用遥感信息获取区域尺度HI具有重要借鉴意义，同时，该方法也被中国学者Du等

（2009a）在山东省禹城市冬小麦收获指数估算中得到进一步应用。根据作物收获指数的形成机制和农学概念，任建强等（2010）利用冬小麦开花后至乳熟期NDVI累积值（$\sum NDVI_{post}$）反映冬小麦籽粒干物质积累过程，利用冬小麦返青—开花前NDVI累积值（$\sum NDVI_{pre}$）反映对作物后期产量形成具有一定影响的作物茎、叶等干物质积累过程。通过构建比值参数$\sum NDVI_{post}/\sum NDVI_{pre}$来表征作物收获指数，并利用比值参数$\sum NDVI_{post}/\sum NDVI_{pre}$与实测收获指数间统计模型实现了中国黄淮海地区河北省衡水市冬小麦收获指数的准确估算。此外，在利用间接法进行作物收获指数模拟和估算中，作物开花期—成熟期累积地上生物量与成熟期地上生物量间比值参数f_G得到了较多应用，且取得了较好的作物收获指数估算结果（Kemanian et al.，2007；Li et al.，2011），但该参数只应用于成熟期f_G的计算，而对开花期—成熟期之间f_G参数的动态变化过程尚未考虑。由于上述f_G参数均采用实测数据计算获得，且该方法的区域应用尚未实现，因此，如何利用遥感技术实现f_G参数信息的准确获取并实现上述作物收获指数估算方法的大范围应用，成为有待解决的研究问题。

近些年来，无人机遥感技术也获得了快速发展，已经成为农业遥感监测的新手段和卫星遥感平台的有益补充（Colomina和Molina，2014；Singh和Frazier，2018；Maes和Steppe，2019；Yang et al.，2023；Wei et al.，2023；李德仁和李明，2014；纪景纯等，2019）。由于无人机遥感技术具有成本低、体积小、操作简单、机动灵活、作业周期短和受云层覆盖影响小等显著优势，且载荷传感器可以快速获取高时间、高空间和高光谱分辨率的影像，可以满足小范围（如小区域尺度/农场尺度）作物遥感监测和生长信息高频获取的需要。目前，无人机（Unmanned aerial vehicle，UAV）遥感传感器主要包括数码相机、多光谱相机和高光谱相机等。其中，高光谱相机具有较多的波段，可以充分获取与作物生长状况密切相关的波段信息，为作物生长动态监测提供了更加丰富的信息源，也为获取作物收获指数动态变化信息提供保障。总体看，目前无人机高光谱遥感主要在作物精细识别（Wei et al.，2019；Yan et al.，2019；Liu et al.，2020a；Zhong et al.，2020；Tian et al.，2022；孙佩军等，2016；刘鹏，2019；任泽茜等，2020；田甜等，2020；张伟东等，2022）、作物理化参数反演（如叶面积指数、地上生物量、叶绿素含量和作物水分等）（Crusiol et al.，2022；Yue et al.，2023；Zhang et al.，2023；Wang et al.，2023；Zhang et al.，2024；Zu et al.，2024；高林等，2016；毛智慧等，2018；王玉娜等，2020；苏伟等，2020；孔钰如等，2022）、作物营养诊断和长势监测（Jiang et al.，2022；Sudu et al.，2022；Jiang et al.，2023；Liang et al.，2023；Sapkota和Paudyal，2023；Zambrano et al.，2023；裴浩杰等，2017；刘昌华等，2018；陶惠林等，2020；王翔宇等，2021；许童羽等，2023）、病虫害监测（Deng et al.，2020；Deng et al.，2023；Song et al.，2020；Nguyen et al.，2023；兰玉彬等，2019；宋勇等，2021；杨国峰等，2022）等方面得到较为深入的研究和应用，但在作物收获指数估算方面却尚未见到相关报道。

综上所述，为满足精准农业中作物农情信息获取的需要，本研究在前人提出的作物f_G参数基础上，以冬小麦为研究对象，充分考虑开花期—成熟期内作物地上生物量动态变化、作物籽粒灌浆动态变化和收获指数形成过程，在构建开花期至成熟期期间不同时期累积的地上生物量与对应时期地上生物量间比值动态参数（D-f_G）基础上，以无人机高光谱（DJI M600 Pro UAV+Resonon Pika L高光谱成像）为数据源，开展农场尺度（或小区域尺度）冬小麦动态收获指数遥感估算研究，以期为关键生育期监测冬小麦动态收获指数获取提供一种快速有效的技术方法，也为基于无人机高光谱遥感的精准农业作物遥感监测提供一定技术参考。

3.1　研究区概况

研究区位于中国北方粮食主产区黄淮海平原河北省深州市（115.35°～115.85°E，37.70°～38.18°N）。该区域地处河北省东南部，衡水市西北部，属于暖温带半干旱区季风气候，全年平均气温约13.4℃，年平均降水量约480mm。该区域主要农作物轮作种植制度为冬小麦—夏玉米一年两熟制。研究区内冬小麦种植时间为10月上中旬，返青期为第二年3月上中旬，拔节期为3月下旬至4月上中旬，抽穗开花期为4月下旬至5月上旬，灌浆—乳熟期为5月中下旬，成熟期为6月上旬。具体研究区位置如图3-1所示。

无人机飞行试验区（115.6°～115.78°E，37.88°～38.03°N）主要位于深州市榆科镇和护驾迟镇。在对研究区冬小麦作物分布和作物长势实地调查后，本研究选择6个代表性地块作为试验区进行无人机遥感数据获取。其中，每个无人机飞行试验地块大致呈100m×100m方形，面积约1hm²（10 000m²），6个试验地块依次编号为地块Ⅰ、地块Ⅱ、地块Ⅲ、地块Ⅳ、地块Ⅴ、地块Ⅵ。本研究在2021年5月3日（开花期）、2021年5月25日（灌浆期）、2021年6月4日（成熟期）进行3次无人机飞行试验。同时，地面同步进行冬小麦地上生物量和作物籽粒产量等数据的获取。无人机飞行试验地块以及地面采样点如图3-2所示。

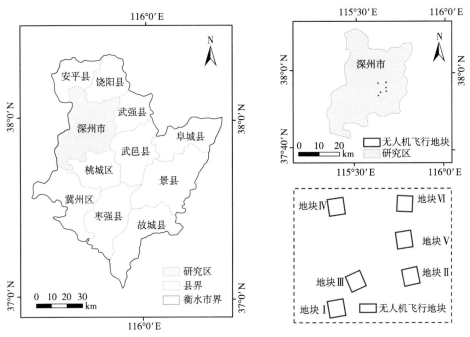

图3-1 研究区位置示意图

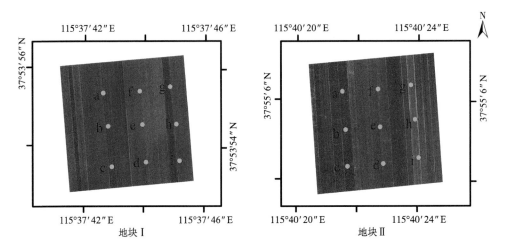

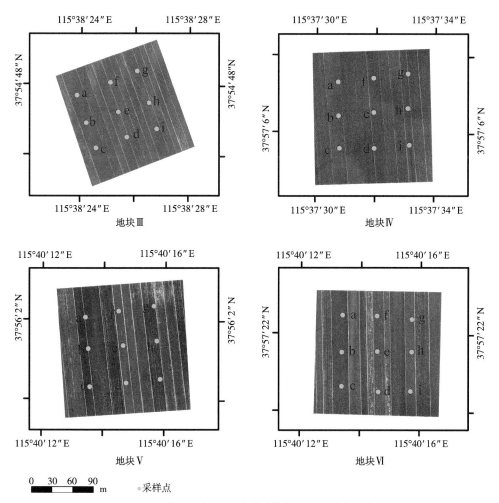

图3-2　各无人机飞行试验地块与地面采样点分布

3.2　数据获取与准备

数据获取主要包括作物地上生物量、作物籽粒产量和无人机高光谱数据等。其中，收获指数和f_G参数通过作物地上生物量、籽粒产量计算获得。无人机飞行试验和地面数据采集主要选择天气晴朗、无风无云的良好天气进行。最终，本研究于2021年5月3日（开花期）、2021年5月25日（灌浆期）、2021年6月4日（成熟期）共进行3次数据采集。其中，无人机共飞行6个地块，每个地块均匀布设9个地面采样点，并使用差分GPS记录每个采样点的位置信息，对冬小麦开花期—成熟期的每个采样点进行冬小麦地上生物量的采集，具体点位分布如图3-2所示。地面采集数据主要分为两部分，一部分参与作物收获指数和f_G参数估算模型的构建，剩余部分作为验证数据对f_G参数和作物收获指数估算模型的精度进行评价。最终，6个地块共获得了108个地面样本数据，根据2∶1的比例将其分为建模数据集（n=72）和验证数据集（n=36）。

3.2.1　地上生物量的获取

在冬小麦关键生育期，利用差分GPS记录每个采样点的位置信息，分别在每个样方采样点处取20cm行长的冬小麦地上部分为样本，茎、叶、穗分离后，将分离的冬小麦茎、叶、穗放入烘箱杀青处理30min，温度设置为105℃，然后将样本在85℃条件烘干至恒重，记录采样点冬小麦各部位的干质量。最后，得到各个采样点的干生物量。

3.2.2　动态收获指数的获取

对粮食作物（如小麦、玉米等）来说，在作物开花至成熟过程中，随着籽粒不断灌浆，作物籽粒产量占作物地上部干物质量百分比呈逐步增加状态，直到收获指数达到最大值。因此，将冬小麦籽粒灌浆过程中各个地面观测时间获得的收获指数称为动态收获指数（Dynamic harvest index，D-HI）。在获得各个采样点冬小麦茎、叶、穗干重基础上，分别对各个采样点小麦穗进行脱粒处理，并记录各个采样点的籽粒重量。最后，计算冬小麦灌浆至成熟期各个地面观测时间的冬小麦D-HI。计算公式如下：

$$D\text{-}HI = \frac{W_{G,t}}{W_{A,t}} \qquad (3\text{-}1)$$

式中，t为灌浆至成熟期的地面采样时间；$W_{G,t}$为灌浆至成熟期t采样时间冬小麦籽粒干重；$W_{A,t}$为t采样时间冬小麦地上总干重。

3.2.3 无人机高光谱数据获取与处理

3.2.3.1 无人机数据获取与预处理

采用大疆DJI M600 Pro型无人机（深圳市大疆创新科技有限公司）遥感平台搭载Resonon Pika L高光谱成像仪（Resonon Inc.，Bozeman，MT，USA）进行高光谱影像采集，如图3-3所示。该光谱仪光谱范围为400～1 000nm，共包含281个光谱通道，光谱分辨率为2.1nm，光谱采样间隔为1.07nm，具体参数如表3-1所示。为了数据方便使用，重采样后数据间隔为4nm。无人机高光谱数据采集时间为当地10—14时。综合考虑地面分辨率、重叠度、内外业工作量以及安全等因素，飞行高度设置为100m，飞行速度为18m/s，光谱仪镜头选择焦距8mm，镜头垂直朝下，对应视场角为33°，并保证航向重叠度80%，旁向重叠度60%。在100m飞行高度获得的高光谱影像地面分辨率为0.05m。

图3-3 无人机高光谱遥感（DJI M600 Pro UAV+Resonon Pika L）

表3-1　Pika L高光谱成像仪主要参数

主要参数	具体指标
光谱范围/nm	400～1 000
光谱分辨率/nm	2.1
采样间隔/nm	1.07
光谱通道数	281
空间通道数	900
每秒最大帧数/fps	249
位深度	12
质量/kg	0.6
尺寸/cm	10.0×12.5×5.3
连接方式	USB 3.0
温度范围/℃	5～40
孔径	f/2.4
像元尺寸/μm	5.86
平均RMS半径/μm	6
Smile（峰峰值）/μm	4
Keystone（峰峰值）/μm	5

　　无人机高光谱数据预处理主要包括影像校正、影像拼接和采样点反射率提取3个部分。影像校正包括辐射定标、大气校正和正射校正，均在无人机影像处理软件Spectronon Pro中进行；在对影像进行地理配准基础上，进行影像拼接。影像拼接包括航向拼接和旁向拼接，均在ENVI中完成；在对高光谱数据进行S-G滤波平滑处理基础上，依据地面采样点的位置，提取无人机高光谱影像中采样点所对应的高光谱反射率数据。图3-4为深州市飞行试验采样点不同生育期冬小麦无人机高光谱曲线。

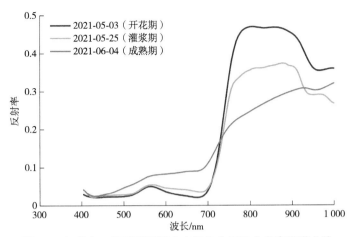

图3-4 深州市飞行试验不同生育期冬小麦无人机高光谱曲线

3.2.3.2 NDSI计算

光谱指数（Spectral index，SI）可以通过某些特定波段的组合来指示绿色植被内部的色素含量、水分变化和营养状态等（Lu et al.，2020；Wang et al.，2020）。为更好地利用高光谱数据各个波长所包含的信息，利用无人机高光谱反射率数据进行任意两两波段组合，从而构建归一化差值光谱指数（Inoue et al.，2008；Chen et al.，2018）。构建形式如下：

$$\mathrm{NDSI}(\lambda_1,\lambda_2) = \frac{R_{\lambda_1} - R_{\lambda_2}}{R_{\lambda_1} + R_{\lambda_2}} \qquad （3-2）$$

式中，R_{λ_1}、R_{λ_2}分别为λ_1、λ_2波长所对应的光谱反射率，其中λ_1、λ_2表示波段在400~1 000nm内的任意波段位置。NDSI值域范围为[-1，1]。考虑到作物光谱在1 350~1 415nm和1 800~1 950nm受大气和水蒸气影响较大（Psomas et al.，2011），因此，在400~1 000nm的可见光—近红外波段范围内进行D-f_G估算敏感波段筛选和作物动态收获指数遥感估算。

3.3 主要研究方法

3.3.1 动态f_G参数的提出

一般的f_G参数（即作物开花期—成熟期累积地上生物量与成熟期地上生

物量间比值参数）只应用于成熟期f_G计算，而未考虑开花期—成熟期f_G参数的动态变化过程（Kemanian et al.，2007；Li et al.，2011），这在一定程度上会降低利用f_G参数进行作物收获指数估算的精度。为了提高作物收获指数估算模型的精度，本研究考虑了开花期—成熟期f_G参数的动态变化过程，提出了动态参数D-f_G（Dynamic f_G），即作物开花期至采样时期累积的地上生物量与对应采样时期地上生物量间比值。该D-f_G指标计算公式如下：

$$D - f_G = \frac{W_{\text{post}}}{W_{\text{whole}}} = \frac{W_{A,t} - W_F}{W_{A,t}} \qquad （3-3）$$

式中，W_{post}为开花期至采样时期冬小麦累积的地上生物量，kg/hm^2；W_{whole}为采样时期对应的地上生物量，kg/hm^2；t为开花期至成熟期采样时间；$W_{A,t}$为t采样时间冬小麦地上总干物质重量，kg/hm^2；W_F为开花期冬小麦地上干物质重量，kg/hm^2；D-f_G表示t采样时间的比值参数。

3.3.2 技术路线

本研究主要过程包括3部分，第一部分为无人机遥感数据和地面观测数据的获取与预处理，以及采样点相关参数的计算，如NDSI、实测D-f_G和实测D-HI等；第二部分主要是实现D-f_G参数遥感估算敏感波段中心的确定，即通过对采样点NDSI和实测D-f_G进行相关性分析，得到NDSI与冬小麦D-f_G间的拟合精度R^2二维图。在此基础上，通过确定R^2极大值区域和极大值区域重心，从而得到对冬小麦D-f_G估算的敏感波段中心；第三部分为基于D-f_G遥感参数的D-HI无人机遥感估算和验证。首先，在确定冬小麦D-f_G估算敏感波段中心的基础上，利用无人机高光谱影像对应的敏感波段反射率构建相应NDSI，完成基于冬小麦D-f_G估算模型的建立，并实现D-f_G参数的空间信息提取与精度验证。其次，利用实测D-f_G和实测D-HI建立动态收获指数估算模型。最后，利用获取的D-f_G参数遥感信息完成基于无人机高光谱影像的冬小麦D-HI空间提取和精度验证。具体技术路线如图3-5所示。

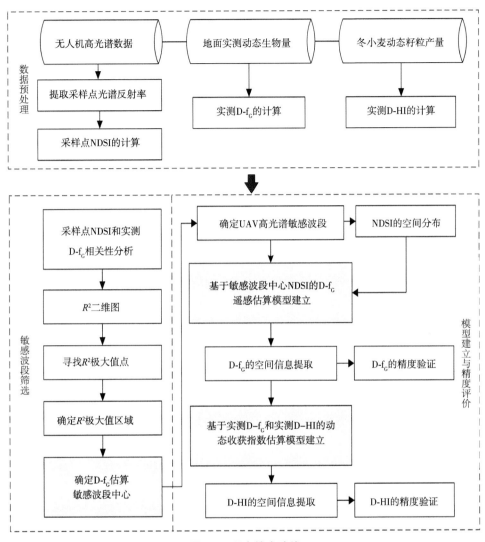

图3-5 研究技术路线

3.3.3 基于高光谱敏感波段中心构建NDSI的D-f_G遥感估算

3.3.3.1 冬小麦D-f_G估算敏感波段中心确定

由于高光谱数据波段间存在的相关性会导致光谱信息冗余度增加，为提高D-f_G参数遥感估算模型的准确性，利用NDSI对D-f_G参数估算敏感波段中心进行筛选。研究中，基于Matlab软件利用400～1 000nm波段范围内无人机高光谱数据构建的NDSI与冬小麦D-f_G间进行相关性分析，得到NDSI与冬小麦D-f_G间的拟合R^2二维图。其中，由于R^2极大值区域分布可能存在不均匀性，造成R^2极大值点与R^2极大值区域重心不一定完全重合，这样，R^2极大值点对应波段不一定与最优波段中心重合。因此，为了使作物D-f_G估算结果具有一定稳定性，采用刘斌等（2016）提出的R^2极大值区域重心法获得冬小麦D-f_G估算敏感波段中心。首先，在绘制NDSI与冬小麦D-f_G间拟合R^2二维图的基础上，确定NDSI与冬小麦D-f_G间相关性高的波段区域；其次，在该区域内寻找R^2极大值点，并遍历该点八邻域内满足显著性条件的所有点，并将这些点的集合标记为R^2极大值区域（Ω）；最后，计算R^2极大值区域的重心，将其作为每个R^2极大值区域的敏感波段中心。重心计算公式如下：

$$\begin{cases} \overline{u} = \dfrac{\sum\limits_{(u,v)\in\Omega} u f(u,v)}{\sum\limits_{(u,v)\in\Omega} f(u,v)} \\ \overline{v} = \dfrac{\sum\limits_{(u,v)\in\Omega} v f(u,v)}{\sum\limits_{(u,v)\in\Omega} f(u,v)} \end{cases} \qquad (3-4)$$

式中，$f(u, v)$为波段坐标为（u，v）的R^2值，Ω为极大值区域；（$\overline{u}$，$\overline{v}$）为敏感波段中心坐标。

3.3.3.2 基于敏感波段中心的NDSI与D-f_G间模型构建

本研究在筛选出冬小麦D-f_G估算敏感波段中心的基础上，采用基于敏感波段中心构建的NDSI进行D-f_G遥感估算，为冬小麦动态收获指数获取提供准确的D-f_G遥感估算参数。NDSI与D-f_G间的线性模型如下：

$$D\text{-}f_G = a \times NDSI_t(\lambda_1, \lambda_2) + b \qquad (3-5)$$

式中，λ_1，λ_2分别为筛选出的敏感波段中心所对应的无人机高光谱波段；t为不同取样时间；a为一次项系数；b为常数项；D-f_G为开花期至t时期累积地上生物量与t生育期地上生物量间比值。

3.3.4　基于D-f$_G$遥感参数的D-HI无人机遥感估算模型建立

本研究在Kemanian等（2007）提出的基于成熟期f$_G$的作物收获指数估算方法基础上，提出了基于D-f$_G$遥感信息的动态收获指数（D-HI）遥感估算方法。D-f$_G$和动态收获指数（D-HI）间统计关系模型如下所示：

$$D\text{-}HI = HI_0 + k \times D\text{-}f_G \qquad （3-6）$$

式中，HI_0为截距，即在作物开花期之后生物量不发生变化情况下动态收获指数的值，即当D-f$_G$为0时，D-HI收获指数的值；k为D-HI与D-f$_G$线性关系中的斜率常数。

3.3.5　模型精度检验

本研究于2021年5月3日（开花期）、2021年5月25日（灌浆期）、2021年6月4日（成熟期）共进行3次数据采集。以冬小麦开花期为时间基准，6个地块共获得了108个地面样本数据，根据2：1的比例将其分为建模数据集（n=72）和验证数据集（n=36）。对基于敏感波段中心的冬小麦D-f$_G$和D-HI的遥感估算结果进行精度验证，模型精度评价指标包括决定系数（R^2）、均方根误差（RMSE）、归一化均方根误差（NRMSE）和平均相对误差（MRE）。R^2越接近1，RMSE越小，说明模型拟合能力越好，预测精度越高。当NRMSE和MRE≤10%时，判断模拟结果精度为极好；当10%<NRMSE和MRE≤20%时，判断模拟结果精度为良好；当20%<NRMSE和MRE≤30%时，判断模拟结果精度为一般；当NRMSE和MRE>30%时，判断模拟结果精度为较差。模型精度判断标准优先考虑NRMSE值的大小（Rinaldi et al.，2003；姜志伟等，2012；刘斌等，2016）。具体公式如下：

$$RMSE = \sqrt{\frac{\sum_{i=1}^{n}(y_i - x_i)^2}{n}} \qquad （3-7）$$

$$NRMSE = \frac{\sqrt{\dfrac{\sum_{i=1}^{n}(y_i - x_i)^2}{n}}}{\bar{x}} \times 100\% \qquad （3-8）$$

$$MRE = \frac{1}{n}\sum_{i=1}^{n}\left|\frac{y_i - x_i}{x_i}\right| \times 100\% \qquad （3-9）$$

式中，i（$i=1$，2，$\cdots$，n）为样本数；x_i为冬小麦D-f_G或D-HI的实测值；y_i为冬小麦D-f_G或D-HI的估测值；$\bar{x}$、$\bar{y}$分别为x_i、y_i的均值。

3.4 结果与分析

3.4.1 基于无人机高光谱NDSI的D-f_G遥感估算

3.4.1.1 冬小麦无人机高光谱NDSI计算结果

在提取每个采样点对应的无人机高光谱反射率数据基础上，利用Matlab软件，根据公式（3-2）计算并绘制各个地块每个采样点任意两波段组合的归一化差值光谱指数（NDSI），获得冬小麦NDSI分布图。其中，在400～1 000nm高光谱范围内任意两波段间组合及相关NDSI值共有150个×150个。受篇幅限制，本研究仅展示地块Ⅰ采样点a冬小麦开花期、灌浆期、成熟期不同生育期的无人机高光谱NDSI计算结果，如图3-6所示。其中，横坐标（λ_1）、纵坐标（λ_2）均为高光谱波长，波长范围为400～1 000nm，横、纵轴构成二维空间所对应的点为任意两波段λ_1、λ_2对应反射率计算的NDSI值。

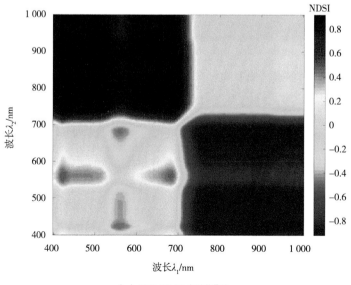

（a）2021-05-03（开花期）

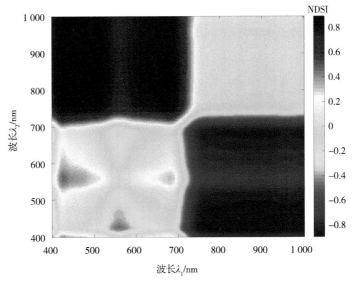

（b）2021-05-25（灌浆期）

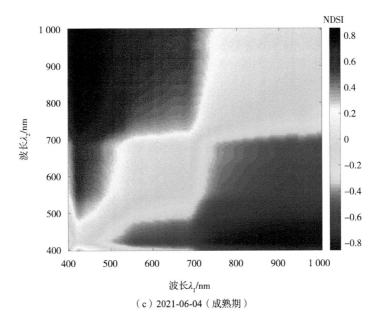

（c）2021-06-04（成熟期）

图3-6 冬小麦无人机高光谱NDSI二维分布

注：此图位置为河北省深州市无人机飞行地块Ⅰ采样点a（37°53′55″N，115°37′43″E）。

3.4.1.2 基于NDSI估算D-f_G的无人机高光谱敏感波段中心确定

为了获得NDSI与D-f_G间的相关性，本研究利用Matlab软件对无人机高光谱任意两两波段构建的NDSI与D-f$_G$进行相关性分析，最终，获得了NDSI与D-f$_G$的拟合精度R^2二维图，如图3-7（a）所示。其中，横、纵轴构成R^2二维空间所对应的点共计150个×150个，且每个R^2二维空间点对应两波段（λ_1，λ_2）组合所构建的NDSI值与实测D-f$_G$间的拟合精度R^2。由图3-7（a）可知，拟合精度R^2以（400，400）、（1 000，1 000）两点间连线呈轴对称分布，从中可以得到NDSI对D-f$_G$相关性较大的区域及相关波段信息，在此基础上进行D-f$_G$估算高光谱敏感波段中心的确定。本研究仅对R^2二维图对称轴上侧区域开展研究。

通过查找相关系数显著性检验表可知，当样本数量n=72时，在0.01显著性水平上，当R^2>0.091 0时，NDSI与D-f$_G$呈现极显著相关关系。因此，本研究选择了符合R^2>0.091 0的R^2二维区域进行研究，在图3-7（a）中寻找R^2>0.091 0的极大值点，遍历该点八邻域内所有R^2>0.091 0的点，将这些点的集合标记为极大值区域，并以R^2=0.1为梯度显示R^2的分布区域，为了更直观地显示敏感波段的分布范围，这里仅对$R^2 \geq 0.3$的结果进行显示，如图3-7（b）所示。

为了提高所选高光谱敏感波段中心估算D-f$_G$的精度，本研究选择了R^2>0.4的R^2二维区域进行敏感波段确定，具体如图3-7（b）显示的红色和黄色区域。最终，确定$\Omega_A \sim \Omega_E$为满足筛选条件的R^2极大值区域，具体结果如下：Ω_A范围在横轴460～500nm、纵轴480～530nm；Ω_B范围在横轴410～480nm、纵轴560～720nm；Ω_C范围在横轴550～660nm、纵轴730～860nm；Ω_D范围在

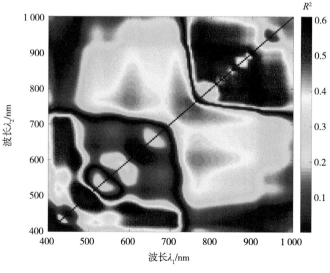

（a）R^2二维图

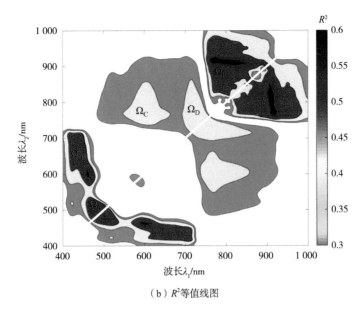

（b）R^2等值线图

图3-7　NDSI与冬小麦D-f$_G$间的拟合R^2二维图和等值线图

横轴690～760nm、纵轴710～860nm；Ω_E范围在横轴750～890nm、纵轴820～980nm。在确定NDSI与D-f$_G$的敏感区域后，根据公式（3-4）计算得到每一个R^2极大值区域的中心λ（λ_1，λ_2），其中，λ_1、λ_2为极大值区域中心横、纵坐标。最终，得到Ω_A～Ω_E极大值区域重心分别为λ（476nm，508nm）、λ（444nm，644nm）、λ（608nm，788nm）、λ（724nm，784nm）和λ（816nm，908nm）。

3.4.1.3　基于高光谱敏感波段中心构建NDSI的D-f$_G$遥感估算与验证

在筛选出的5个D-f$_G$估算高光谱敏感波段中心结果基础上，即λ（476nm，508nm）、λ（444nm，644nm）、λ（608nm，788nm）、λ（724nm，784nm）和λ（816nm，908nm），确定无人机高光谱敏感波段，并根据公式（3-2）计算出不同敏感波段中心的灌浆期和成熟期6个地块的NDSI空间分布。然后，根据公式（3-5）分别构建基于不同敏感波段中心的NDSI与D-f$_G$的线性模型，得到基于不同敏感波段中心的灌浆期和成熟期6个地块的D-f$_G$空间分布，并用验证数据集（n=36）进行D-f$_G$精度验证。最后，得到基于敏感波段中心构建的NDSI与D-f$_G$间统计关系及D-f$_G$估算精度，具体结果如表3-2和图3-8所示。从表3-2可以看出，筛选出的5个D-f_G估算高光谱敏感波段中心构建的NDSI拟合D-f_G在$P<0.01$水平上均达到极显著水平，模型决定系数（R^2）在0.604 7～0.684 3。通过预留验证数据集对所建立的NDSI与D-f_G间统计模型进行验证可知，筛选出的5个D-f_G估算高光谱敏感波段中心构建的NDSI和D-f_G间统计模型均具有较好的D-f_G估算效果，估算D-f_G均达到了高精度水平。其中，拟合精度R^2在0.652 1～0.859 5，RMSE在0.043 6～0.060 4，NRMSE在10.31%～14.27%，MRE在8.28%～12.55%。其中，筛选出的敏感波段中心λ（724nm，784nm）构建的NDSI估测冬小麦D-f_G精度最高，其RMSE、NRMSE和MRE分别为0.043 6、10.31%、8.28%；筛选出的敏感波段中心λ（476nm，508nm）构建的NDSI估测冬小麦D-f_G精度达到较高水平，RMSE、NRMSE和MRE分别为0.051 4、12.15%、10.03%；筛选出的敏感波段中心λ（816nm，908nm）构建的NDSI估测冬小麦D-f_G精度相对较低，RMSE、NRMSE和MRE分别为0.060 4、14.27%、12.55%。本研究仅展示估算精度最高的敏感波段中心λ（724nm，784nm）对应的无人机高光谱影像NDSI空间分布及D-f_G估算空间信息分布。其中，灌浆期和成熟期地块Ⅰ至地块Ⅵ的NDSI计算结果如图3-9和图3-10所示，灌浆期和成熟期估算的D-f_G遥感参数空间结果如图3-11和图3-12所示。通过对6个地块分析可知，灌浆期NDSI范围在0.29～0.70，研究区NDSI平均值为0.47；成熟期NDSI范围在0.08～0.53，研究区NDSI平均值为0.27。灌浆期D-f_G估算结果在0.21～0.50，研究区D-f_G平均值为0.37；成熟期D-f_G估算结果在0.32～0.65，研究区D-f_G平均值为0.51。各个地块NDSI和D-f_G具体统计信息如表3-3。

表3-2　基于无人机高光谱敏感波段中心构建的NDSI与D-f_G间统计关系

D-f_G估算敏感波段中心		基于NDSI的D-f_G拟合方程（n=72）		D-f_G估算精度验证（n=36）			
λ_1/nm	λ_2/nm	拟合方程	R^2	R^2	RMSE	NRMSE/%	MRE/%
476	508	$y=1.511\ 3x+0.258\ 4$	0.662 7**	0.793 5**	0.051 4	12.15	10.03
444	644	$y=0.741\ 5x+0.180\ 3$	0.684 3**	0.742 5**	0.053 3	12.60	10.12
608	788	$y=-0.684\ 7x+0.876\ 1$	0.604 7**	0.706 1**	0.056 9	13.44	11.36

（续表）

D-f_G估算敏感波段中心		基于NDSI的D-f_G拟合方程（n=72）		D-f_G估算精度验证（n=36）			
λ_1/nm	λ_2/nm	拟合方程	R^2	R^2	RMSE	NRMSE/%	MRE/%
724	784	$y=-0.698\,5x+0.699\,5$	0.659 2**	0.859 5**	0.043 6	10.31	8.28
816	908	$y=2.758\,9x+0.346\,8$	0.606 2**	0.652 1**	0.060 4	14.27	12.55

注：拟合方程中x为波段λ_1、λ_2构建的NDSI，y为拟合的冬小麦D-f_G；n为样本数量；**表示在$P<0.01$水平极显著相关。

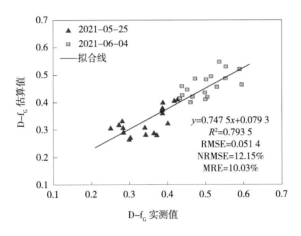

（a）λ（476nm，508nm）

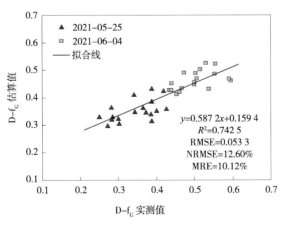

（b）λ（444nm，644nm）

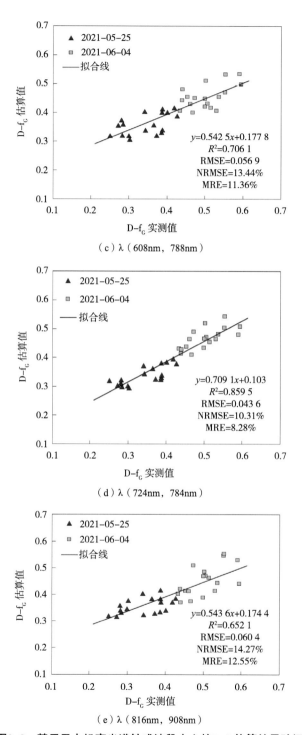

（c）λ（608nm，788nm）

（d）λ（724nm，784nm）

（e）λ（816nm，908nm）

图3-8　基于无人机高光谱敏感波段中心的D-f$_G$估算结果验证

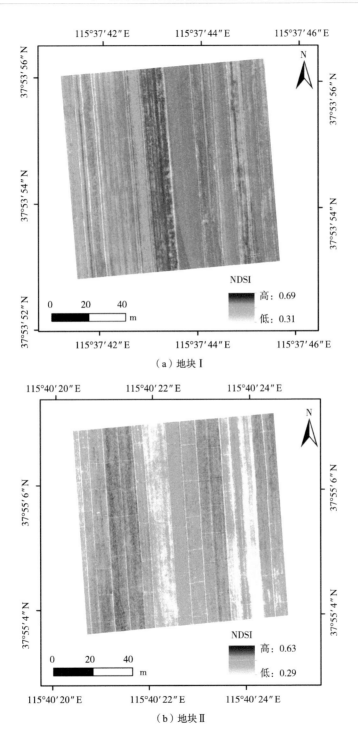

（a）地块Ⅰ

（b）地块Ⅱ

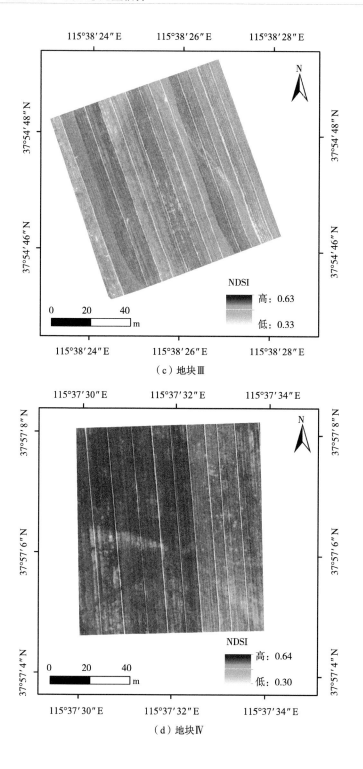

（c）地块Ⅲ

（d）地块Ⅳ

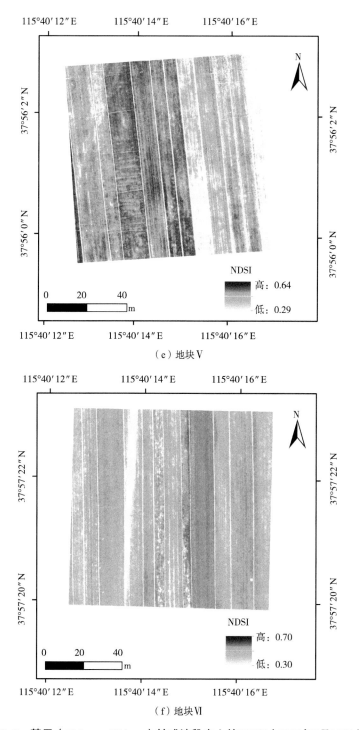

（e）地块Ⅴ

（f）地块Ⅵ

图3-9 基于（724nm，784nm）敏感波段中心的NDSI（2021年5月25日）

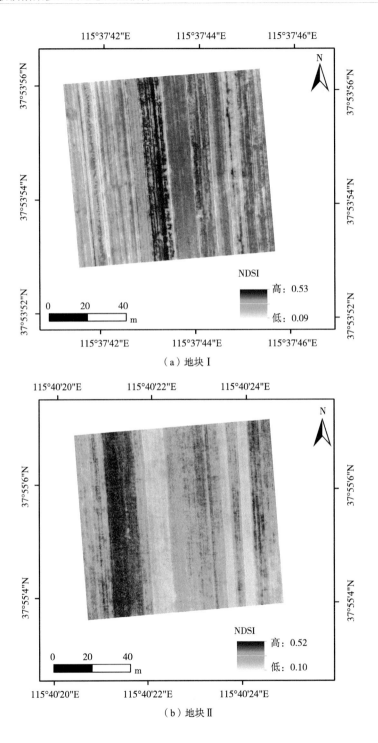

（a）地块Ⅰ

（b）地块Ⅱ

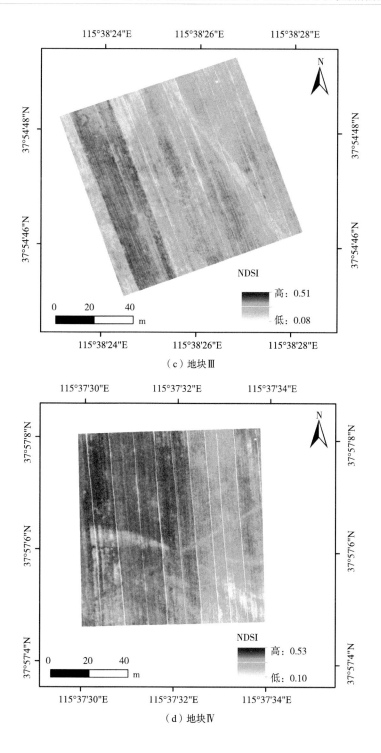

（c）地块Ⅲ

（d）地块Ⅳ

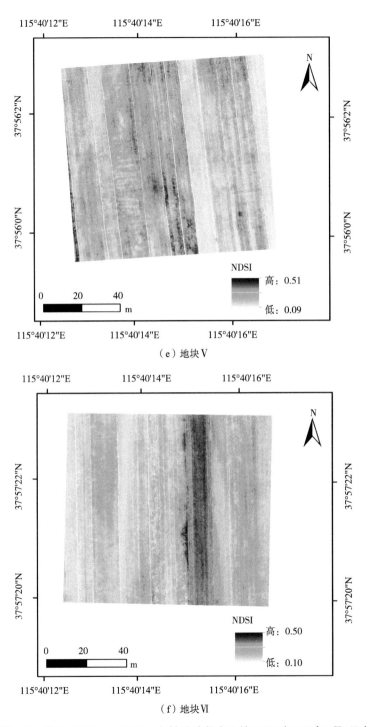

（e）地块V

（f）地块VI

图3-10 基于（724nm，784nm）敏感波段中心的NDSI（2021年6月4日）

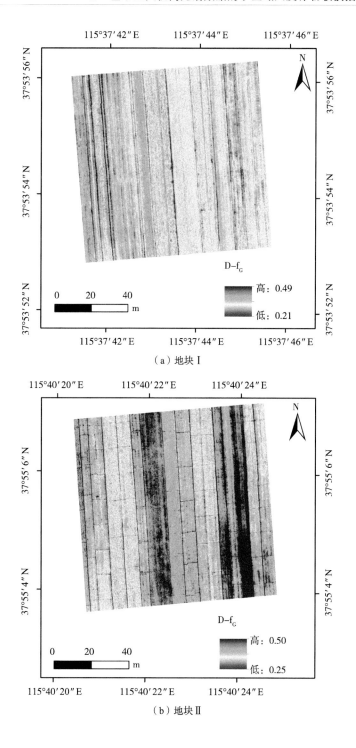

（a）地块 Ⅰ

（b）地块 Ⅱ

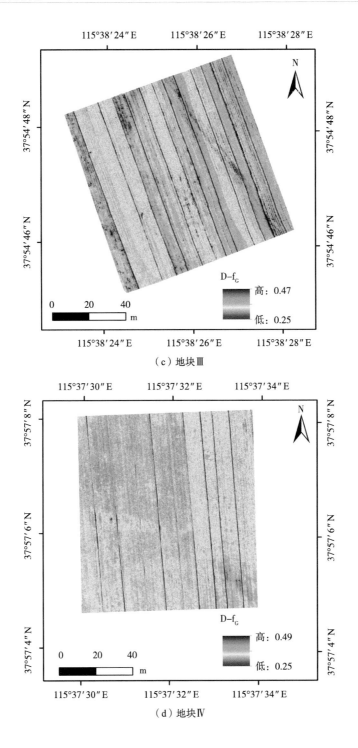

（c）地块Ⅲ

（d）地块Ⅳ

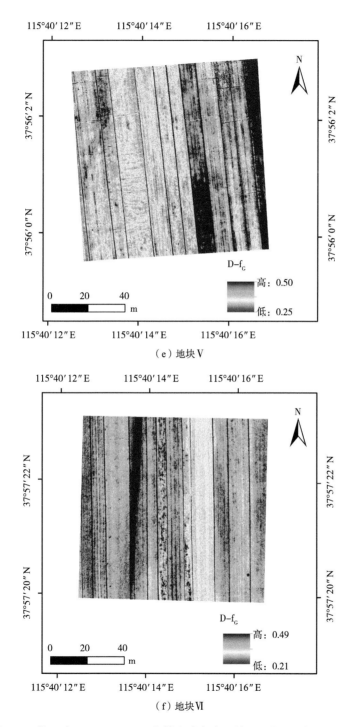

（e）地块Ⅴ

（f）地块Ⅵ

图3-11　基于（724nm，784nm）敏感波段中心的D-f$_G$（2021年5月25日）

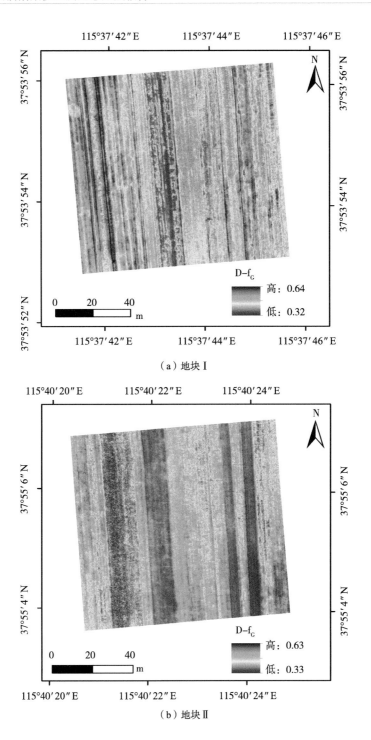

（a）地块Ⅰ

（b）地块Ⅱ

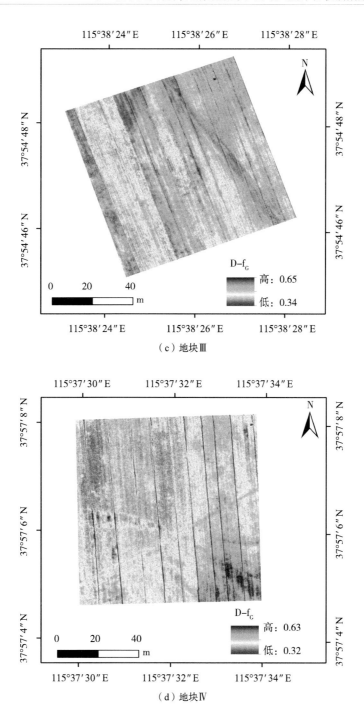

（c）地块Ⅲ

（d）地块Ⅳ

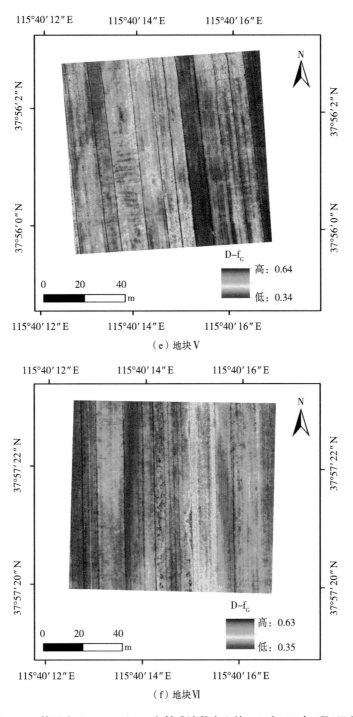

图3-12　基于（724nm，784nm）敏感波段中心的D-f$_G$（2021年6月4日）

表3-3　不同时期各个地块NDSI和D-f$_G$统计

估算指标	生育时期	统计指标	不同地块统计值					
			地块Ⅰ	地块Ⅱ	地块Ⅲ	地块Ⅳ	地块Ⅴ	地块Ⅵ
NDSI	灌浆期	最小值	0.31	0.29	0.33	0.30	0.29	0.30
		最大值	0.69	0.63	0.63	0.64	0.64	0.70
		平均值	0.52	0.40	0.48	0.54	0.41	0.44
	成熟期	最小值	0.09	0.10	0.08	0.10	0.09	0.10
		最大值	0.53	0.52	0.51	0.53	0.51	0.50
		平均值	0.32	0.29	0.26	0.34	0.19	0.20
D-f$_G$	灌浆期	最小值	0.21	0.25	0.25	0.25	0.25	0.21
		最大值	0.49	0.50	0.47	0.49	0.50	0.49
		平均值	0.33	0.41	0.35	0.32	0.41	0.39
	成熟期	最小值	0.32	0.33	0.34	0.32	0.34	0.35
		最大值	0.64	0.63	0.65	0.63	0.64	0.63
		平均值	0.47	0.49	0.51	0.46	0.56	0.55

3.4.2 基于D-f$_G$遥感参数的D-HI无人机遥感估算

3.4.2.1 基于D-f$_G$遥感参数的D-HI估算模型建立

根据灌浆期和成熟期两个采样时期的冬小麦地上生物量数据和灌浆过程中籽粒产量动态数据，计算冬小麦72个采样点的实测D-f$_G$和实测D-HI，在此基础上，利用公式（3-6）构建D-f_G和动态收获指数（D-HI）间估算模型，具体如下：

$$D\text{-}HI=0.155\,2+0.665\,9\cdot D\text{-}f_G \qquad (3\text{-}10)$$

研究表明，实测冬小麦 D-f_G 与冬小麦动态收获指数之间呈现显著的线性关系，线性模型决定系数达到 0.851 3（图 3-13），在 $P<0.01$ 水平上均达到极显著水平，这为开展基于 D-f_G 的动态收获指数空间信息获取奠定了基础。

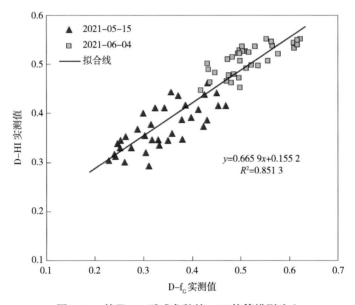

图3-13　基于D-f_G遥感参数的D-HI估算模型建立

3.4.2.2　基于敏感波段中心的冬小麦HI空间信息获取与验证

本研究在 λ（476nm，508nm）、λ（444nm，644nm）、λ（608nm，788nm）、λ（724nm，784nm）和 λ（816nm，908nm）5个遥感敏感波段中心构建的NDSI估算D-f_G空间信息的条件下，并根据公式（3-10）分别计算每个高光谱敏感波段中心灌浆期和成熟期6个地块的作物动态收获指数空间估算结果，并利用预留的验证数据集进行D-HI的遥感估算结果精度验证。灌浆期和成熟期两个不同采样时期冬小麦动态收获指数总体验证结果如表3-4和图3-14所示。

　　从表3-4中D-HI估算总体精度评价指标结果可知,在筛选出的5个高光谱敏感波段中心条件下,基于高光谱敏感波段D-f_G参数的D-HI空间估算结果验证均达到了高精度水平,其拟合精度R^2在0.657 0～0.857 3,RMSE在0.042 9～0.054 6,NRMSE在9.87%～12.57%,MRE在8.33%～10.90%。其中,基于高光谱敏感波段中心λ（724nm,784nm）估算D-f_G参数的D-HI空间信息估测结果精度最高,RMSE、NRMSE和MRE分别为0.042 9、9.87%、8.33%;基于高光谱敏感波段中心λ（476nm,508nm）估算D-f_G参数的D-HI空间信息估测结果精度较高,RMSE、NRMSE和MRE分别为0.044 4、10.22%、8.86%;基于高光谱敏感波段中心λ（816nm,908nm）估算D-f_G参数的D-HI空间信息估测结果精度相对较低,RMSE、NRMSE和MRE分别为0.054 6、12.57%、10.90%。本研究仅展示估算精度最高的敏感波段中心λ（724nm,784nm）对应的灌浆期和成熟期地块Ⅰ至地块Ⅵ D-HI估算结果,具体如图3-15和图3-16所示。通过对6个地块分析可知,灌浆期D-HI估算结果在0.29～0.49,研究区D-HI平均值为0.40;成熟期D-HI估算结果在0.37～0.59,研究区D-HI平均值为0.49。各个地块灌浆期和成熟期D-HI具体统计结果如表3-5所示。

表3-4　基于D-f_G遥感参数的D-HI估算模型总体精度验证

D-f_G敏感波段中心		D-HI精度验证（$n=36$）			
λ_1/nm	λ_2/nm	R^2	RMSE	NRMSE/%	MRE/%
476	508	0.807 7**	0.044 4	10.22	8.86
444	644	0.798 0**	0.048 3	11.11	9.36
608	788	0.753 0**	0.051 4	11.85	10.31
724	784	0.857 3**	0.042 9	9.87	8.33
816	908	0.657 0**	0.054 6	12.57	10.90

注：n代表验证数据集中实际D-HI的样本数量；**表示在$P<0.01$水平极显著相关。

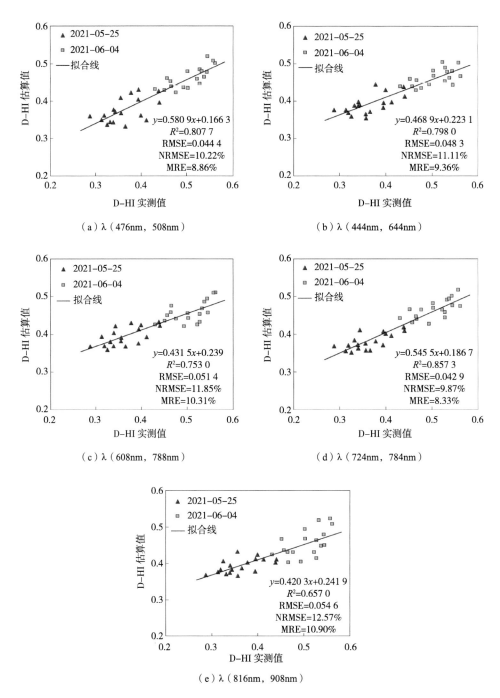

（a）λ（476nm，508nm）

（b）λ（444nm，644nm）

（c）λ（608nm，788nm）

（d）λ（724nm，784nm）

（e）λ（816nm，908nm）

图3-14　基于高光谱敏感波段D-f$_G$参数的D-HI估算结果验证

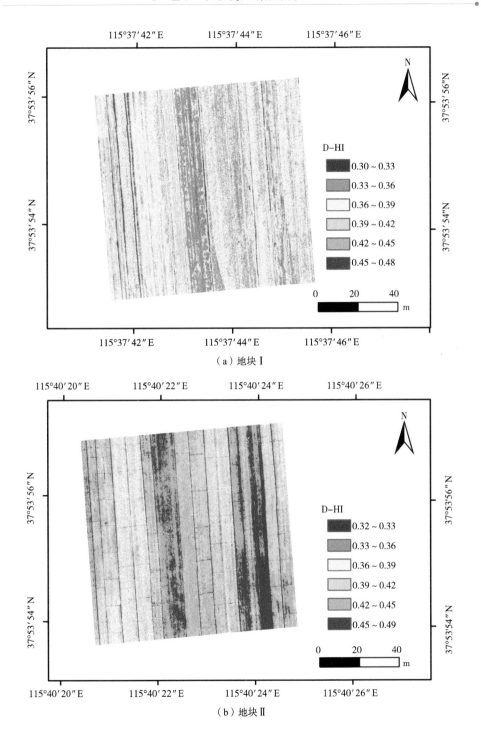

（a）地块 Ⅰ

（b）地块 Ⅱ

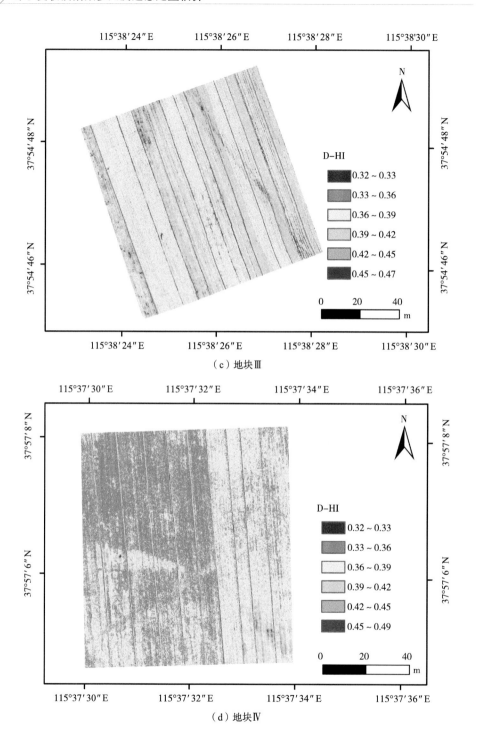

（c）地块Ⅲ

（d）地块Ⅳ

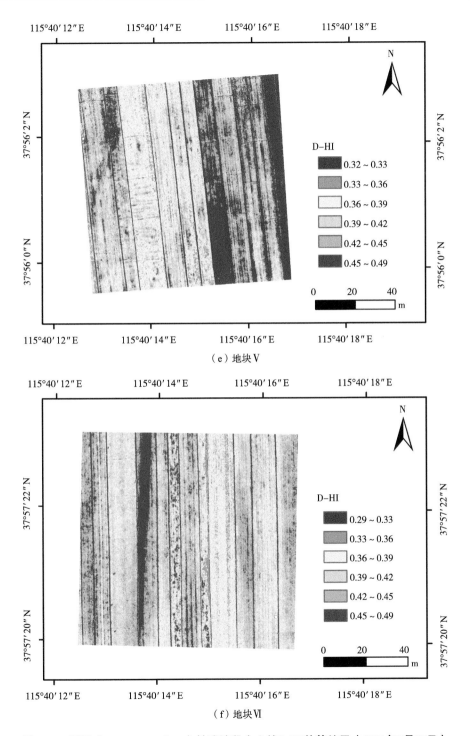

（e）地块Ⅴ

（f）地块Ⅵ

图3-15 基于（724nm，784nm）敏感波段中心的D-HI估算结果（2021年5月25日）

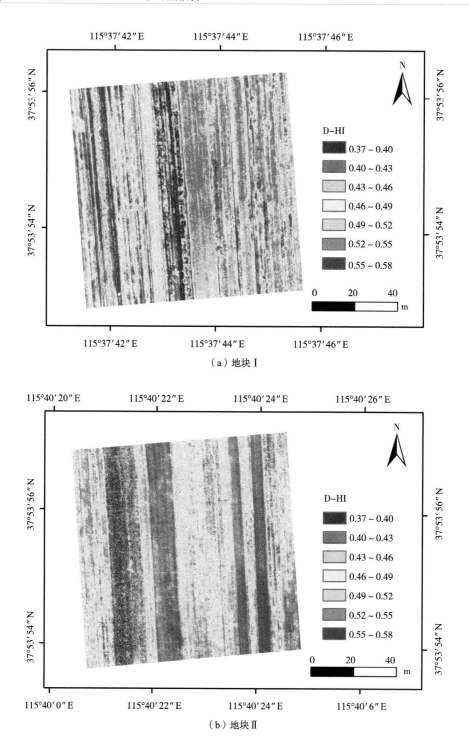

（a）地块 I

（b）地块 II

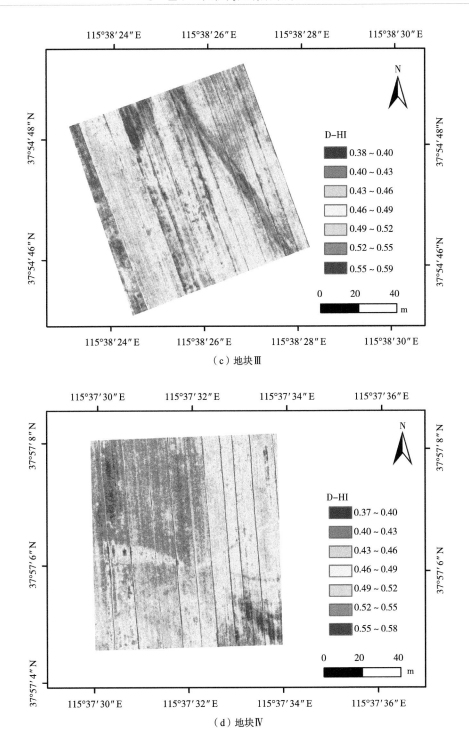

（c）地块Ⅲ

（d）地块Ⅳ

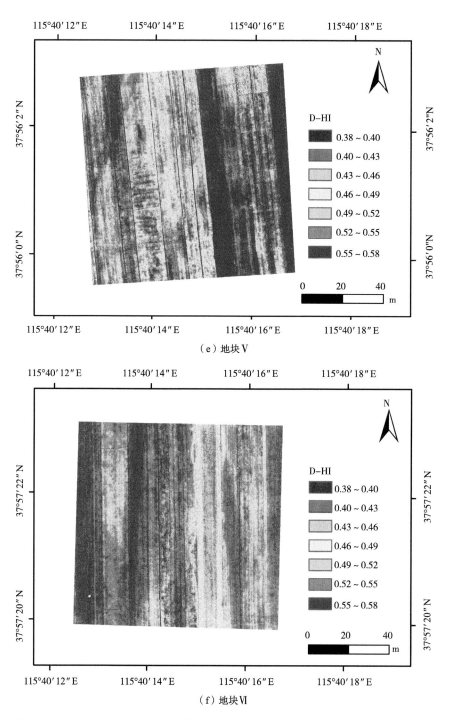

图3-16 基于（724nm，784nm）敏感波段中心的D-HI估算结果（2021年6月4日）

表3-5 不同时期各个地块D-HI空间信息估算结果统计

估算指标	生育时期	统计指标	不同地块空间信息统计					
			地块Ⅰ	地块Ⅱ	地块Ⅲ	地块Ⅳ	地块Ⅴ	地块Ⅵ
D-HI	灌浆期	最小值	0.30	0.32	0.32	0.32	0.32	0.29
		最大值	0.48	0.49	0.47	0.49	0.49	0.49
		平均值	0.38	0.43	0.39	0.37	0.43	0.41
	成熟期	最小值	0.37	0.37	0.38	0.37	0.38	0.38
		最大值	0.58	0.58	0.59	0.58	0.58	0.58
		平均值	0.47	0.48	0.50	0.46	0.53	0.52

3.4.2.3 基于敏感波段中心冬小麦单个生育期D-HI精度验证

本研究除利用验证数据集（$n=36$）进行基于敏感波段中心的冬小麦HI空间信息获取与验证外，还分别对灌浆期（2021年5月25日）、成熟期（2021年6月4日）单个生育期的D-HI估算效果进行精度评价，单个生育期的验证数据集中样本数据量n为18，具体结果如表3-6、表3-7所示。总体上，基于敏感波段中心冬小麦单个生育期D-HI精度验证在不同生育期（灌浆前期、灌浆后期和成熟期）均达到了较高的精度水平。以上结果说明了本研究提出的D-HI遥感估算方法可以实现籽粒灌浆过程中收获指数的动态估测，说明本方法具有较好的适用性。

表3-6 基于敏感波段中心的冬小麦灌浆期D-HI精度验证

D-f_G敏感波段中心		灌浆期D-HI精度验证（$n=18$）			
λ_1/nm	λ_2/nm	R^2	RMSE	NRMSE/%	MRE/%
476	508	0.301 6*	0.038 0	10.47	9.28
444	644	0.397 7**	0.043 0	11.86	10.15
608	788	0.400 0**	0.045 6	12.56	11.33
724	784	0.472 9**	0.036 3	10.00	8.52
816	908	0.317 3*	0.046 6	12.85	11.67

表3-7 基于敏感波段中心的冬小麦成熟期D-HI精度验证

D-f$_G$敏感波段中心		成熟期D-HI精度验证（n=18）			
λ_1/nm	λ_2/nm	R^2	RMSE	NRMSE/%	MRE/%
476	508	0.583 3**	0.049 9	9.88	8.44
444	644	0.362 1**	0.053 0	10.47	8.56
608	788	0.360 5**	0.056 7	11.22	9.29
724	784	0.463 4**	0.048 6	9.61	8.14
816	908	0.317 6*	0.061 5	12.17	10.13

注：表3-6、表3-7中，n代表验证数据集的样本数量；**表示在$P<0.01$水平极显著相关；*表示在$P<0.05$水平显著相关。

3.5 本章小结

（1）基于无人机高光谱数据，对本研究提出的基于D-f$_G$遥感估算的高光谱作物动态收获指数空间信息获取方法，开展了技术方法的验证。首先，通过无人机高光谱获得NDSI遥感信息，在NDSI与D-f$_G$间相关性分析基础上，通过拟合精度R^2极大值区域重心方法确定了冬小麦D-f$_G$估算敏感波段中心。其次，利用筛选出的无人机高光谱敏感波段反射率构建相应的NDSI，完成冬小麦D-f$_G$空间信息获取与精度验证。最后，基于实测D-HI和D-f$_G$参数构建的冬小麦动态收获指数（D-HI）估算模型，完成基于无人机高光谱影像的冬小麦D-HI空间信息估算与精度验证。通过与实测D-f$_G$和D-HI进行对比，证明本研究提出的基于无人机高光谱敏感波段D-f$_G$参数获取的动态收获指数空间信息遥感估算具有一定可行性。

（2）基于高光谱敏感波段中心构建NDSI的D-f$_G$遥感估算技术方法，实现了D-f$_G$参数空间信息的遥感准确估算。其中，利用无人机高光谱构建的归一化差值光谱指数（NDSI）与冬小麦D-f$_G$拟合R^2极大值区域重心筛选出5个敏感波段中心，即λ（476nm，508nm）、λ（444nm，644nm）、λ（608nm，788nm）、λ（724nm，784nm）和λ（816nm，908nm），且筛选出的5个D-f$_G$估算高光谱敏感波段中心构建的NDSI拟合D-f$_G$在$P<0.01$

水平上均达到极显著水平，模型决定系数（R^2）在0.604 7～0.684 3。D-f_G验证精度RMSE在0.043 6～0.060 4，NRMSE在10.31%～14.27%，MRE在8.28%～12.55%。其中，筛选出的敏感波段中心λ（724nm，784nm）构建的NDSI估测冬小麦D-f_G空间信息精度最高，其RMSE、NRMSE和MRE和分别为0.043 6、10.31%、8.28%。上述D-f_G获取和收获指数估算的敏感波段中心对于遥感传感器波段设置和遥感数据选取具有一定指导意义，提出的方法为大范围获取D-f_G参数遥感信息和实现作物收获指数区域准确反演奠定了重要基础。

（3）本研究实现了基于无人机高光谱影像的农场尺度（或小区域尺度）灌浆期和成熟期作物动态收获指数空间信息的准确获取。在无人机高光谱影像的冬小麦D-f_G空间信息估算的基础上，基于作物动态收获指数（D-HI）估算模型，完成了基于无人机高光谱影像的小区域冬小麦D-HI空间信息遥感估算与精度验证。在筛选出的5个高光谱敏感波段中心条件下，基于高光谱敏感波段D-f_G参数获取的灌浆期和成熟期D-HI空间信息估算结果总体精度验证均达到了高精度水平，其拟合精度R^2在0.657 0～0.857 3，RMSE在0.042 9～0.054 6，NRMSE在9.87%～12.57%，MRE在8.33%～10.90%。其中，基于高光谱敏感波段中心λ（724nm，784nm）估算D-f_G参数的D-HI空间信息估测结果总体验证精度最高，RMSE、NRMSE和MRE分别为0.042 9、9.87%、8.33%。此外，在单个生育期精度验证中，基于敏感波段中心λ（724nm，784nm）的冬小麦灌浆期D-HI精度验证最高，RMSE、NRMSE和MRE分别为0.036 3、10.00%、8.52%；基于敏感波段中心λ（724nm，784nm）的冬小麦成熟期D-HI精度验证最高，RMSE、NRMSE和MRE分别为0.048 6、9.61%、8.14%。

基于中高分辨率多光谱数据的区域作物收获指数遥感估算

收获指数（Harvest index，HI）是评价作物单产水平和栽培成效的重要生物学参数，也是作物单产进一步提高的重要决定因素之一（Jensen et al.，2020）。对粮食作物来说，一般的收获指数是指成熟期作物籽粒产量占作物地上生物量的百分数，该指标本质反映了作物同化产物在籽粒和营养器官中的分配比例（Liu et al.，2020b）。快速准确地获取成熟期作物收获指数及其动态过程信息对于作物单产准确模拟（Crépeau et al.，2021；刘正春等，2021；王鹏新等，2021）、作物生物量估算（Zhang et al.，2021b）、作物品种选育和表型信息获取（Dreisigacker et al.，2021；Lopez et al.，2022）、作物栽培技术优化与效果评价（Unkovich et al.，2010；Chen et al.，2021）具有重要科学意义，同时，对农业管理部门及时掌握农作物长势和作物产量估算信息，有效开展农业生产管理也具有重要指导意义（Hu et al.，2019；Fu et al.，2021；Jaafar和Mourad，2021）。

一般的作物收获指数研究主要基于田块尺度的农学试验层面，大多侧重于作物收获指数的数学模拟、收获指数与相关农学参数关系、作物生长环境及其管理措施对收获指数的影响评价等（Tokatlidis和Remountakis，2020；任建强等，2010）。作物收获指数获取方法主要有直接法和间接法。直接法主要通过田间取样计算获得，该方法虽然准确，但费时费力且很难在大范围内开展，也无法获得收获指数的连续空间分布信息。间接法主要包括两类，一是将作物收获指数看作时间的函数，通过模拟作物收获指数灌浆期的逐步增加变化过程与时间之间函数关系实现作物收获指数的准确估算，该方法对作物收获指数模拟与估算具有重要指导作用（Moriond et al.，2007；Fletcher和Jamieson，2009）。二是主要基于作物生长过程中的植被信息（如各种植被指数、生物量、作物水分等）、作物生长环境影响因子（如温度、光照、土壤水分和土壤养分等）与HI建立函数关系进而完成HI的估算（Sadras和Connor，1991）。

近年来，遥感技术凭借其覆盖范围大、快速和准确获取地表作物参数信息的优势，为准确获取区域作物收获指数空间信息提供了可靠的技术手段（Walter et al.，2018；Campoy et al.，2020）。其中，通过宽波段多光谱传感器（如NOAA、MODIS、MERIS等）数据，国内外学者利用发芽—开花和开花—成熟两个阶段能够反映作物长势状况的时序植被遥感信息（如归一化差值植被指数和叶面积指数等）开展了一系列的成熟期冬小麦收获指数遥感估算研究，对利用遥感信息获取区域尺度HI具有重要借鉴意义（Moriondo et al.，2007；Li et al.，2011；Du et al.，2009b；任建强等，2010；陈帼等，2019）。

在开展田间冠层尺度、农场尺度（或小区域尺度）的作物收获指数估算研究基础上，为进一步验证本研究提出的作物收获指数遥感估算方法在大范围获取作物收获指数空间信息的可行性和有效性，本章在确定地面冠层高光谱构建的归一化差值光谱指数（NDSI）与冬小麦D-f$_G$的敏感波段中心以及最大波段宽度的基础上，开展基于中高空间分辨率多光谱卫星数据的区域冬小麦收获指数遥感估算研究。其中，以地面样方高光谱数据、实测地上生物量和作物动态籽粒产量数据等为基础，以Sentinel-2A、Landsat-8和GF-1等中高空间分辨率多光谱遥感数据及其模拟数据为主要数据源，开展河北省衡水地区冬小麦收获指数遥感估算研究，并进行精度验证，该研究可以为开展大范围作物收获指数空间信息准确获取奠定良好的技术方法基础。

4.1 研究区概况

研究区为中国北方粮食生产基地黄淮海平原内河北省衡水市（115.17°~116.57°E，37.05°~38.38°N），典型试验区为深州市（115.35°~115.85°E，37.70°~38.18°N）（图4-1）。衡水市总面积8 836km²，地处河北冲积平原，地势自西南向东北缓慢倾斜，海拔高度12~30m。该研究区域属于暖温带半干旱区季风气候，年均降水量约480mm，年均温度约为13.4℃，无霜期200d左右，研究区为冬小麦—夏玉米一年两熟轮作种植制度。其中，冬小麦种植时间为10月上中旬，返青期为第二年3月上中旬，拔节期为3月下旬至4月上中旬，抽穗开花期为4月下旬至5月上旬，灌浆-乳熟期为5月中下旬，成熟期为6月上旬。

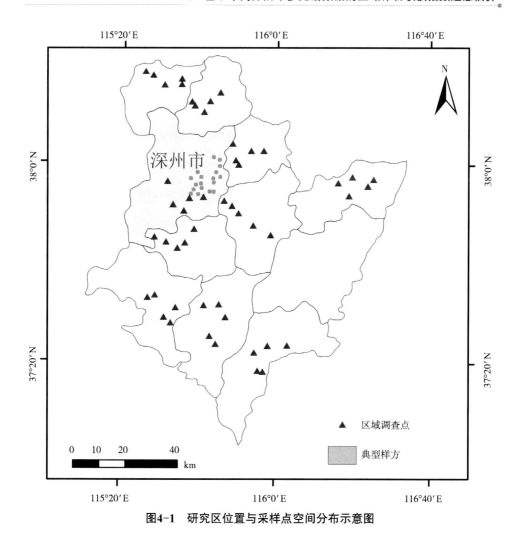

图4-1 研究区位置与采样点空间分布示意图

4.2 数据获取与准备

4.2.1 地面数据采集与处理

数据获取内容主要包括冠层高光谱、作物地上干生物量、动态籽粒产量和GPS定位信息等。本研究分别在冬小麦开花期（2021年5月3日）、灌浆前期（2021年5月15日）、灌浆后期（2021年5月25日）、成熟期（2021年6月5日）共4个关键时期进行数据采集。深州市典型研究区共18个样方，每个样方布设5个采样点，每次试验获取90个样本数据。衡水市区域调查共布设50个调查点，每次调查获取50个样点数据，主要包括作物地上生物量、动态籽粒产量和GPS定位信息等。以冬小麦开花期为时间基准，在深州市共获取了灌浆前期、灌浆后期和成熟期3个时期270个地面样本数据，根据3∶2的比例将其分为建模数据集（162个）和验证数据集（108个）。衡水市10个县50个调查点在灌浆前期、灌浆后期和成熟期3个时期共获得150个地面样本数据，主要作为后期衡水地区作物收获指数的区域验证数据。

4.2.1.1 地上干生物量数据

在冬小麦关键生育期（包括开花期、灌浆前期、灌浆后期和成熟期），首先，根据各个采样点测定的GPS位置信息，在每个采样点分别割取1行长度20cm的冬小麦地上部分作为样本。在将冬小麦茎、叶、穗分离基础上，将分离后冬小麦茎、叶、穗放入105℃干燥箱并进行30min杀青处理。然后，在85℃条件下连续干燥48h以上，直至样本质量恒定再进行称量。其次，在将冬小麦茎、叶、穗干重进行相加的基础上，根据种植密度和样本干重换算成单位面积冬小麦地上干生物量。最后，在对各样点冬小麦穗脱粒处理基础上，分别记录各个采样点的籽粒质量。

4.2.1.2 冬小麦冠层高光谱数据

利用美国ASD公司（Analytical Spectral Devices, Inc.）生产的Field Spec 4型光谱辐射仪（波长350～2 500nm）采集冬小麦冠层高光谱。其中，波长范围350～1 000nm采样间隔1.4nm，波长范围1 000～2 500nm采样间隔2nm，重采样后光谱间隔为1nm。选择天气状况良好、阳光照射充足时进行冠层高光谱测定，观测时间为10—14时。高光谱测量前用标准白板校正，测量时保证探头垂直向下，光谱装置探头视角为25°，为了保证冬小麦样本处于探测视场内，同时减少下垫面光谱反射对测定结果的影响，探头距离作物冠层顶部高度约0.5m。测量时，每个采样点获取10条光谱数据，取其均值作为该采样点的光谱反射率。然后，对每个采样点的光谱曲线利用9点加权移动平均法进行去噪平滑处理。图4-2为深州市调查样方采样点经过光谱平均和光谱平滑处理后的不同生育期冬小麦冠层高光谱曲线。

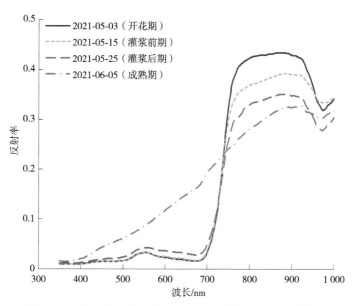

图4-2 深州市调查样方冬小麦不同生育期冠层高光谱曲线

4.2.2 遥感数据获取与预处理

4.2.2.1 Sentinel-2A遥感数据

"哨兵"系列卫星是欧洲哥白尼计划空间部分的专用卫星系列。其中，Sentinel-2（哨兵2号卫星）是高分辨率多光谱成像卫星，由2A和2B两颗卫星组成。Sentinel-2卫星携带一枚多光谱成像仪（MSI），运行高度为786km，幅宽为290km，光谱波段从可见光到近红外再到短波红外，地面分辨率达到10m、20m和60m。Sentinel-2一颗卫星的重访周期为10d，两颗互补，重访周期为5d。该卫星在运行期间可提供农业监测等方面的信息，对于预测粮食产量、优化作物种植结构等方面具有重要意义（Skakun et al.，2017；Feng et al.，2019；Ottosen et al.，2019；Chakhar et al.，2020；王利军等，2018；吴静等，2019；陈安旭和李月臣，2020；李方杰，2021；王汇涵等，2022）。此外，该卫星可用于土地利用变化监测、森林植被健康监测以及环境污染监测等（Zarco-Tejada et al.，2018；Deng et al.，2019；Misra et al.，2020；Phiri et al.，2020；李旭文等，2018；王德军等，2020；杨振兴等，2020；赵士肄等，2023）。

　　本研究中，Sentinel-2A数据从欧洲航天局哥白尼数据中心（https://scihub.copernicus.eu/）获取，卫星数据产品级别为Level-1C（L1C）。Sentinel-2A遥感影像有13个光谱波段，包括可见光、红边、近红外、水汽、卷云以及短波红外波段等。其中，L1C级数据为已经过辐射定标和几何校正的大气顶反射率数据，因此，只需要进行大气校正处理便可得到地表反射率数据。利用Sen2cor、SNAP（Sentinel application platform）和ENVI软件对卫星影像分别进行大气校正、格式转换和镶嵌裁剪等预处理工作。图4-3为衡水研究区大气校正前后Sentinel-2A影像对比图。为了保证遥感数据各波段空间分辨率的一致性，在SNAP平台中使用最邻近内插法将遥感数据各波段重新采样至10m。结合冬小麦物候信息以及地面观测试验时间，根据选择影像云量较低原则（小于10%），获得了衡水市2021年5月17日、2021年5月27日、2021年6月6日3个时期Sentinel-2A影像数据。考虑到前期冠层高光谱的作物收获指数估算敏感波段中心和最大波段宽度仅对应Sentinel-2A的蓝光、绿光、红光、红边1、红边2、红边3、近红外等8个波段，因此，仅使用了相应的B2波段至B8a波段信息，具体Sentinel-2A多光谱影像波段信息如表4-1所示（Pasqualotto et al.，2019；陈安旭和李月臣，2020；蒋磊等，2021）。

表4-1　本研究选取的Sentinel-2A卫星遥感主要波段参数

波段编号	波段名称	中心波长/nm	波段宽度/nm	波段范围/nm	空间分辨率/m
B2	蓝光（Blue，B）	490	65	458～523	10
B3	绿光（Green，G）	560	35	543～578	10
B4	红光（Red，R）	665	30	650～680	10
B5	红边1（Red Edge 1，RE1）	705	15	698～713	20
B6	红边2（Red Edge 2，RE2）	740	15	733～748	20
B7	红边3（Red Edge 3，RE3）	783	20	773～793	20
B8	近红外（Near Infrared，NIR1）	842	115	785～900	10
B8a	窄近红外（Narrow NIR，NIR2）	865	20	855～875	20

（a）原始影像

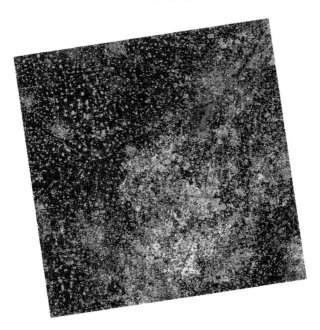

（b）大气校正后影像

图4-3　衡水研究区Sentinel-2A影像大气校正前后对比
（影像中心位置：115.35°E、37.40°N）

4.2.2.2 GF-1遥感数据

高分一号（GF-1）卫星于2013年4月26日由长征二号丁运载火箭在酒泉卫星发射基地成功发射入轨。该卫星运行在高度为645km的太阳同步轨道上。GF-1搭载的全色/多光谱相机（PMS）具有2m空间分辨率全色波段和8m空间分辨率的多光谱波段，幅宽优于60km；此外，还搭载了空间分辨率为16m、幅宽为800km的多光谱宽幅相机（WFV）。该卫星成功地将高分辨率和宽幅成像结合在一起，在气候气象观测、农林资源监测（Song et al.，2017；Li et al.，2018；Wang et al.，2018b；李粉玲等，2015；杨闫君等，2015；单捷等，2017；王亚梅，2021；张召星等，2023；赵静等，2023）、自然灾害监测和防灾减灾（Chang et al.，2018；Huang et al.，2023；刘树超等，2019；冯琳等，2020；廖瑶等，2021；吴杰等，2023；李震等，2023）等领域发挥了重要作用（Zhou et al.，2017；陶欢等，2018；孙桂芬等，2018；）。GF-1号卫星16m多光谱中分辨率宽幅相机参数如表4-2所示。

本研究根据地面试验时间以及影像质量，最终获取了2021年5月19日、5月26日、6月8日3景高分一号影像。高分数据的预处理主要包括辐射定标、大气校正、正射校正、拼接、裁剪等，均在ENVI 5.3中完成。图4-4为衡水研究区GF-1影像大气校正前后对比。

表4-2　GF-1号卫星16m多光谱中分辨率宽幅相机参数

传感器类型	波段号	波段名称	波长范围/μm	空间分辨率/m
	B1	蓝	0.45 ~ 0.52	
GF-1宽幅相机	B2	绿	0.52 ~ 0.59	16
	B3	红	0.63 ~ 0.69	
	B4	近红外	0.77 ~ 0.89	

（a）原始影像

（b）大气校正后影像

图4-4　衡水研究区GF-1影像大气校正前后对比（影像中心位置：114.83°E、37.61°N）

4.2.2.3 Landsat-8数据

Landsat-8由美国航空航天局（NASA）于2013年2月11日成功发射升空。该卫星运行在705km的太阳同步近极地轨道上，成像幅宽为185km×185km，重访周期为16d。该卫星携带了陆地成像仪（Operational land imager，OLI）和热红外传感器（Thermal infrared sensor，TIRS）两种传感器。其中，OLI陆地成像仪探测范围从可见光、近红外再到短波红外，一共包括9个波段。其中，1个分辨率为15m的全色波段、8个分辨率为30m的多光谱波段。TIRS包括2个分辨率为100m的热红外波段，主要用于测量地球的热能。Landsat-8数据已用于勘探地下水、矿藏、海洋等资源、制作各种专题图、监测各种自然灾害以及环境污染等多个领域（初庆伟等，2013；李志婷等，2016；何阳等，2016）。此外，Landsat-8还可以用于土地分类（Li et al.，2017；Sonobe et al.，2019）、变化检测（罗建松等，2020）、森林监测（梁晰雯等，2017；郑亚卿等，2021）、农业管理（Gilbertson et al.，2017；Liao et al.，2019；Naqvi et al.，2019；Skakun et al.，2019；Wolanin et al.，2019；Dong et al.，2020；阚志毅等，2020）、精准农业（Croft et al.，2020；Zhou et al.，2020；Ozcan et al.，2022）、水资源与海岸线变化（Senay et al.，2016；杨丽萍等，2021）等领域。Landsat-8传感器各波段参数信息如表4-3所示。

表4-3　Landsat-8各波段信息

传感器类型	波段号	波段名称	波长范围/μm	空间分辨率/m
	B1	海岸波段	0.433～0.453	30
	B2	蓝	0.450～0.515	30
	B3	绿	0.525～0.600	30
陆地成像仪OLI	B4	红	0.630～0.680	30
	B5	近红外	0.845～0.885	30
	B6	短波红外1	1.560～1.660	30
	B7	短波红外2	2.100～2.300	30

（续表）

传感器类型	波段号	波段名称	波长范围/μm	空间分辨率/m
陆地成像仪OLI	B8	全色波段	0.500～0.680	15
	B9	卷云波段	1.360～1.390	30
热红外传感器TIRS	B10	热红外1	10.60～11.19	100
	B11	热红外2	11.50～12.51	100

根据冬小麦地面观测试验开展时间，考虑Landsat-8的重访周期，本研究共下载了2021年5月18日和2021年6月3日2景影像。本研究使用从美国地质勘探局（USGS）（https://earthexplorer.usgs.gov/）下载的Landsat-8 Collection 2 Level-1产品，该产品已使用地面控制点和数字高程模型进行过几何校正和地形校正。影像的预处理主要包括辐射定标、FLAASH大气校正、镶嵌、裁剪等，均在ENVI5.3中完成。图4-5为Landsat-8影像大气校正前后对比图。

（a）原始影像

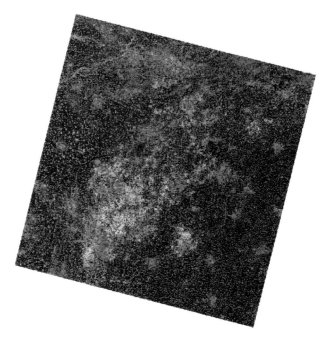

（b）大气校正后影像

图4-5 衡水研究区Landsat-8影像大气校正前后对比（影像中心位置：115.83°E、37.47°N）

本研究主要使用ENVI辐射定标工具（Radiometric calibration）将遥感影像中的像元亮度值（Digital number，DN）转化为辐射亮度值。DN值转换为辐射亮度的公式如下：

$$L_\lambda=\text{Gain} \cdot \text{DN}+\text{Offset} \qquad (4-1)$$

其中，L_λ为辐射亮度，W/（m²·sr·μm）；DN为遥感影像像元亮度值；Gain和Offset分别为定标系数增益和偏移量，W/（m²·sr·μm）；其中，偏移和增益系数一般在遥感影像元数据文件中获取。

4.2.3 其他辅助数据

4.2.3.1 光谱响应函数

光谱响应函数（Spectral response function，SRF）又称光谱响应曲线，是传感器固有的系统参数。一般ASD（Analytical spectral devices）地物光谱仪每间隔1nm都有对应的光谱反射率值，而卫星通常只有几个波段的光谱反射率值。由于光谱响应的特殊性，地物光谱仪的光谱反射率曲线趋势和卫星的光谱反射率曲线趋势并非完全一致，利用光谱响应函数可以使ASD地物光谱仪测得的光谱值和卫星测得的光谱值相对应。因此，本研究利用Sentinel-2A、GF-1、Landsat-8等光谱响应函数与ASD地物光谱仪的光谱反射率值进行运算，模拟卫星宽波段的反射率值。Sentinel-2A、GF-1、Landsat-8光谱响应函数如图4-6至图4-8所示。

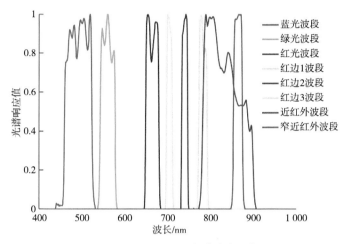

图4-6　Sentinel-2A光谱响应函数

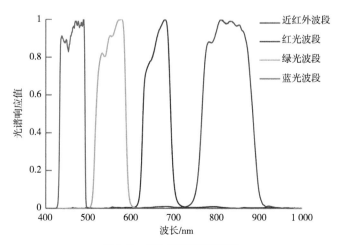

图4-7　GF-1光谱响应函数

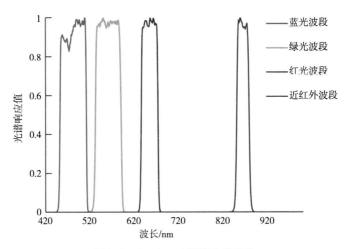

图4-8　Landsat-8光谱响应函数

4.2.3.2　冬小麦空间分布信息

为了获得研究区的冬小麦空间分布信息，采用被广泛使用的监督分类中支持向量机（Support vector machine，SVM）方法进行研究区2021年冬小麦空间分布提取，利用的遥感影像为Sentinel-2A影像。支持向量机是一种建立在统计学基础上的机器学习方法（Hao et al.，2019；王振武等，2016），即在有限的分类样本信息前提下，在模型的复杂性和学习能力之间寻求最佳结果，保证得到的极值解是全局的最优解（罗桓等，2019）。

样点数据主要包括训练样点数据和验证样点数据。其中，训练样点用于支持向量机分类进行作物分布提取，验证样点用于对冬小麦空间分布结果的精度验证。根据冬小麦实际调查点和Google Earth上选取的冬小麦和非冬小麦样点，在衡水研究区最终获得冬小麦样点和非冬小麦样点共计4 845个。其中，选择冬小麦样点870个、非冬小麦样点1 175个作为训练样本，其余1 300个冬小麦样点和1 500个非冬小麦样点作为验证样本对冬小麦空间分布结果进行精度验证，具体地面样点数据分布信息如图4-9所示。最终，本研究基于2021年4月19日的Sentinel-2A影像和SVM分类方法实现冬小麦空间分布提取。通过验证，冬小麦空间分布提取总体精度为91.77%，Kappa系数为0.835 6，精度达到了较高水平，可以满足本研究区域冬小麦收获指数遥感估算所需作物空间分布的精度要求，衡水市冬小麦空间分布结果如图4-10所示。

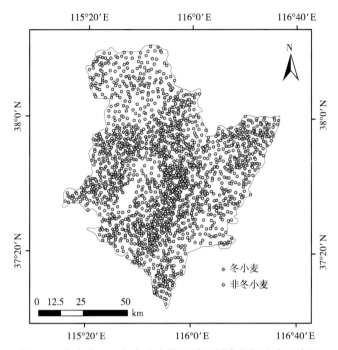

图4-9 衡水市2021年冬小麦提取地面样点数据分布示意图

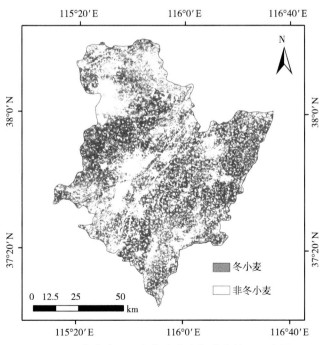

图4-10 衡水市2021年冬小麦空间分布结果示意图

4.3 主要研究方法

4.3.1 技术路线

（1）开展基于宽波段模拟遥感数据的作物收获指数估算及验证。在第2章筛选出的敏感波段中心及其最大波段宽度的基础上，确定对应Sentinel-2A、Landsat-8和GF-1等遥感数据的波段范围，并借助遥感数据的光谱响应函数和地面高光谱数据进行宽波段遥感反射率模拟。然后，根据模拟的宽波段反射率数据构建归一化差值光谱指数（NDSI）进行冬小麦收获指数的估算和精度验证。

（2）开展基于多光谱卫星遥感的作物收获指数估算及验证。基于宽波段遥感卫星数据，直接选择敏感波段中心及其最大波段宽度所在的波段进行归一化差值光谱指数（NDSI）的构建，进行区域冬小麦D-f$_G$空间提取，完成区域冬小麦收获指数空间提取和精度验证。

（3）综合对比分析模拟数据估算结果与遥感数据估算结果，并优选最高精度光谱指数组合，完成区域冬小麦收获指数的估算。研究技术路线如图4-11所示。

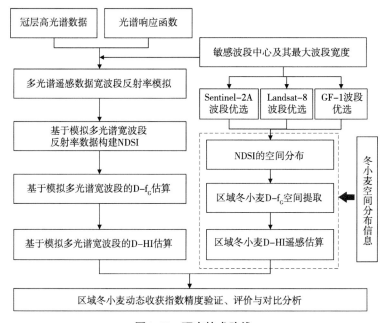

图4-11 研究技术路线

4.3.2 主要参数构建与计算

4.3.2.1 D-f_G参数构建

为了估算作物收获指数，Kemanian等（2007）提出了f_G参数，该参数为作物开花期—成熟期累积地上生物量与成熟期地上生物量的比值，但一般f_G参数只应用于成熟期f_G计算，而未考虑开花期至成熟期之间f_G参数的动态变化过程，这在一定程度上会降低利用f_G参数进行作物收获指数估算的精度。为了提高作物收获指数估算模型的精度，增强模型的稳定性和可靠性，降低成熟期f_G参数不稳定对收获指数估算精度的不利影响，在已有研究基础上，考虑了开花期—成熟期f_G参数的动态变化过程，采用动态参数D-f_G进行作物动态收获指数估算，即作物开花期至采样时期累积的地上生物量与对应采样时期地上生物量间比值。D-f_G指标计算公式如下：

$$D\text{-}f_G = \frac{W_{\text{post}}}{W_{\text{whole}}} = \frac{W_t - W_a}{W_t} \qquad (4\text{-}2)$$

式中，D-f_G为花后累积地上生物量比例动态参数；W_{post}为冬小麦开花期至采样日期累积地上生物量，kg/hm^2；W_{whole}为冬小麦播种至采样日期累积地上生物量，kg/hm^2；W_t为播种至采样日期t累积地上干物质量，kg/hm^2；W_a为开花期地上干物质量，kg/hm^2。

4.3.2.2 动态收获指数构建

一般粮食作物（如小麦、玉米、水稻等）开花至成熟期间，随着籽粒不断灌浆，作物籽粒产量占作物地上部干物质量百分比呈逐步增加状态，直到成熟期收获指数达到最大值，其中，用于定量描述作物灌浆过程中籽粒产量占作物地上部干物质量百分比逐步增加至最大值的收获指数变化过程指标，称为动态收获指数（Ren et al.，2022）。因此，本研究在已有研究基础上，利用冬小麦籽粒灌浆过程中各个地面观测时间的收获指数动态变化信息获得动态收获指数信息，即在获得各采样点冬小麦茎、叶、穗干质量基础上，分别对各个采样点小麦穗进行脱粒处理，并记录各个采样点的籽粒质量。最后，计算冬小麦灌浆至成熟期期间各个地面观测时间的冬小麦动态收获指数（D-HI）。D-HI计算公式如下：

$$D\text{-}HI = \frac{W_{Z,t}}{W_{A,t}} \qquad (4\text{-}3)$$

式中，D-HI为作物动态收获指数；$W_{Z,t}$为灌浆至成熟期期间采样日期 t 的冬小麦籽粒干质量，kg/hm^2；$W_{A,t}$为采样日期 t 的冬小麦地上干生物量，kg/hm^2。

4.3.2.3 NDSI计算

光谱指数（Spectral index，SI）可以通过某些特定波段的组合来指示绿色植被内部的色素含量、水分变化和营养状态等（Lu et al.，2020；Wang et al.，2020）。为更好地利用多光谱遥感各个波长所包含的信息，本研究将冠层高光谱模拟的多光谱遥感反射率数据及其真实遥感反射率数据分别进行任意两两波段组合，从而构建归一化差值光谱指数（Normalized difference spectral index，NDSI），构建形式如下：

$$NDSI(\lambda_1, \lambda_2) = \frac{R_{\lambda_1} - R_{\lambda_2}}{R_{\lambda_1} + R_{\lambda_2}} \qquad (4\text{-}4)$$

式中，NDSI（λ_1，λ_2）为波长λ_1、λ_2计算的NDSI指数，值域范围为[-1，1]；$R_{\lambda 1}$为波长λ_1所对应的光谱反射率；$R_{\lambda 2}$为波长λ_2所对应的光谱反射率。

考虑到作物光谱在1 350～1 415nm和1 800～1 950nm受大气和水蒸气影响较大（刘斌，2016；任建强等，2018），因此，在350～1 000nm的可见光—近红外波段范围内进行D-f_G估算敏感波段筛选和动态作物收获指数遥感估算，即公式（4-4）中λ_1、λ_2表示在350～1 000nm内的任意波长λ_1和波长λ_2。

4.3.3 地面高光谱模拟宽波段遥感数据的方法

利用灌浆前期、灌浆后期、成熟期的Sentinel-2A、Landsat-8和GF-1多光谱数据开展区域冬小麦关键生育期动态收获指数空间提取。首先在确定的最大波段宽度基础上，确定最大波段宽度所对应的地面高光谱波段范围，进而确定对应Sentinel-2A、Landsat-8和GF-1宽波段的范围，表4-4是基于敏感波段中心的最大波段宽度所对应的地面高光谱波段范围；在对应波段范围内，利用式（4-5）在最大波段宽度内模拟多光谱波段反射率。

$$R_{rs} = \frac{\int_{\lambda_m}^{\lambda_n} S(\lambda) \cdot R(\lambda) d\lambda}{\int_{\lambda_m}^{\lambda_n} S(\lambda) d\lambda} \qquad (4-5)$$

式中，R_{rs}为模拟卫星的波段反射率；λ_m、λ_n分别为传感器光谱探测的起始波长和终止波长；$S(\lambda)$为传感器在λ波长处的光谱响应函数值；$R(\lambda)$为冠层光谱在λ波长处的光谱反射率。

表4-4 敏感波段中心最大波宽对应的地面高光谱波段范围

D-f_G敏感波段中心/nm		波段最大宽度/nm	地面高光谱最大波段宽度范围/nm	
λ_1	λ_2		λ_1	λ_2
366	489	30	351 ~ 381	474 ~ 504
443	495	68	409 ~ 477	461 ~ 529
449	643	58	420 ~ 478	614 ~ 672
579	856	20	569 ~ 589	846 ~ 866
715	849	86	672 ~ 758	806 ~ 892

4.3.4 归一化差值光谱指数（NDSI）与D-f_G间模型构建

本研究基于构建的归一化差值光谱指数（NDSI）进行D-f_G遥感估算，为冬小麦动态收获指数获取奠定基础。NDSI与D-f_G间的线性模型如下所示：

$$D\text{-}f_G = a \cdot NDSI(\lambda_1, \lambda_2) + b \qquad (4-6)$$

式中，a为一次项系数；b为常数项；D-f_G为不同采样时间下花后累积生物量比例动态参数。当利用模拟的宽波段反射率数据进行D-f_G估算时，λ_1、λ_2分别为模拟的多光谱遥感数据的波段范围，NDSI为模拟的多光谱遥感波段λ_1、λ_2构建的NDSI光谱指数；当基于多光谱遥感卫星数据进行区域D-f_G估算时，NDSI为遥感宽波段构建的光谱指数。

4.3.5 冬小麦动态收获指数估算模型

在Kemanian等（2007）提出的基于成熟期实测f_G的作物收获指数估算方法基础上，本研究提出了基于D-f_G遥感信息的D-HI遥感估算方法。D-f_G和动态收获指数（D-HI）间统计关系模型如下所示：

$$D\text{-}HI = HI_0 + s \cdot D\text{-}f_G \qquad (4\text{-}7)$$

式中，HI_0为截距，即在作物开花期之后生物量不发生变化情况下动态收获指数的值，也就是当D-f_G为0时，D-HI收获指数的值；s为D-HI与D-f_G线性关系中的斜率常数。

根据深州市典型试验区灌浆前期、灌浆后期和成熟期共3个时期270个地面样本数据，将其分为建模数据集（$n=162$）和验证数据集（$n=108$）。本节根据深州市建模数据集（$n=162$）中的地上生物量数据和灌浆过程中籽粒产量动态数据，计算162个冬小麦样本点的D-f_G和动态收获指数（D-HI）。在此基础上，对D-f_G和动态收获指数（D-HI）间的相关性进行拟合，得到D-f_G参数和动态收获指数（D-HI）间估算方程，具体如下：

$$D\text{-}HI = 0.104\ 3 + 0.763\ 1 \cdot D\text{-}f_G \qquad (4\text{-}8)$$

由于建模数据集相同，故本节所建模型与第2章的模型公式（2-10）相同。其中，动态D-f_G和动态收获指数（D-HI）构建的线性模型决定系数为0.940 9，这为开展基于D-f_G参数的动态收获指数估算奠定了基础。

4.3.6 模型精度评价

研究中，对河北省衡水市的区域冬小麦D-f_G和D-HI的遥感估算结果进行精度验证。模型精度评价指标包括决定系数（R^2）、均方根误差（RMSE）、归一化均方根误差（NRMSE）和平均相对误差（MRE）。具体公式见章节2.3.6。

基于模拟多光谱数据的冬小麦收获指数估算中，主要使用深州市灌浆前期、灌浆后期和成熟期共3个时期270个地面样本数据，将其分为建模数据集（$n=162$）和验证数据集（$n=108$）。基于多光谱数据遥感波段的冬小麦收获指数的估算中，综合使用深州市270个地面样本数据和衡水区域调查150个验证数据。基于Sentinel-2A、GF-1多光谱数据遥感波段的冬小麦收获指数的估算中，由于获得了3个时期的遥感影像，故建模数据集$n=162$，验证数据集$n=258$；基于Landsat-8多光谱数据遥感波段的冬小麦收获指数的估算中，由于获得了2个时期的遥感影像，故建模数据集为$n=108$，验证数据集$n=172$。

4.4 结果与分析

4.4.1 基于Sentinel-2A的区域冬小麦收获指数遥感估算及精度验证

4.4.1.1 Sentinel-2A遥感数据间波段对应关系及NDSI计算

（1）Sentinel-2A模拟数据波段范围确定。在综合考虑敏感波段中心最大宽度对应的地面高光谱波段范围和Sentinel-2A真实遥感数据波段范围基础上，进一步确定了每个敏感波段中心最大波段宽度所对应的模拟Sentinel-2A波段范围。由于Sentinel-2A卫星遥感宽波段数据的波段宽度比地面高光谱波段数据宽，因此，构建NDSI的两个敏感波段在同一个宽波段内的可能性比较大，筛选出的波段组合相对较少。考虑到筛选出的地面高光谱波段范围与真实Sentinel-2A波段范围并非完全一致，为了便于利用光谱响应函数模拟Sentinel-2A波段反射率数据，当地面高光谱波段范围超出真实Sentinel-2A波段范围时，应用Sentinel-2A波段范围内的数据；当地面高光谱波段范围在Sentinel-2A波段范围内时，应用地面高光谱波段范围内数据（刘斌等，2016）。地面高光谱波段范围与Sentinel-2A卫星遥感及其模拟数据之间波段对应关系如表4-5所示。其中，当D-f_G敏感波段中心在（366nm，489nm）时，对应的地面高光谱波段范围（351～381nm）不在Sentinel-2A真实波段范围内，因此，无法构建相应的NDSI；同理，当D-f_G敏感波段中心在（443nm，495nm）时，地面高光谱波段（409～477nm和461～529nm）所对应的Sentinel-2A真实波段均处于蓝光波段内，也无法构建相应的NDSI，故本研究对上述两种情况进行了舍弃处理。

表4-5　地面高光谱波段范围与Sentinel-2A卫星遥感及其模拟数据之间波段对应关系

地面高光谱最大波宽范围/nm		模拟Sentinel-2A波段范围/nm		对应真实Sentinel-2A波段	
λ_1	λ_2	λ_1	λ_2	λ_1	λ_2
351~381	474~504		474~504		蓝光（B）
409~477	461~529	458~477	461~523	蓝光（B）	蓝光（B）
420~478	614~672	458~478	650~672	蓝光（B）	红光（R）
569~589	846~866	569~578	846~866	绿光（G）	近红外（NIR1）
		569~578	855~866	绿光（G）	窄近红外（NIR2）
672~758	806~892	672~680	806~892	红光（R）	近红外（NIR1）
		672~680	855~875	红光（R）	窄近红外（NIR2）
		698~713	806~892	红边1（RE1）	近红外（NIR1）
		698~713	855~875	红边1（RE1）	窄近红外（NIR2）
		733~748	806~892	红边2（RE2）	近红外（NIR1）
		733~748	855~875	红边2（RE2）	窄近红外（NIR2）

（2）NDSI计算。根据表4-5中高光谱敏感波段对应的模拟Sentinel-2A波段数据和真实Sentinel-2A波段数据，计算了冬小麦灌浆前期、灌浆后期、成熟期Sentinel-2A模拟数据及其真实遥感影像各个波段组合构建的NDSI。限于篇幅，本研究仅展示地面高光谱波段λ_1（672~680nm）和λ_2（855~875nm）对应Sentinel-2A红光波段和窄近红外波段构建的NDSI的空间分布图，冬小麦灌浆前期、灌浆后期和成熟期NDSI空间信息计算结果如图4-12所示。通过分析可知，冬小麦灌浆前期NDSI范围在0.40~0.95，研究区冬小麦NDSI平均值为0.88；冬小麦灌浆后期NDSI范围在0.20~0.80，研究区冬小麦NDSI平均值为0.58；冬小麦成熟期NDSI范围在0.10~0.50，研究区冬小麦NDSI平均值为0.35。

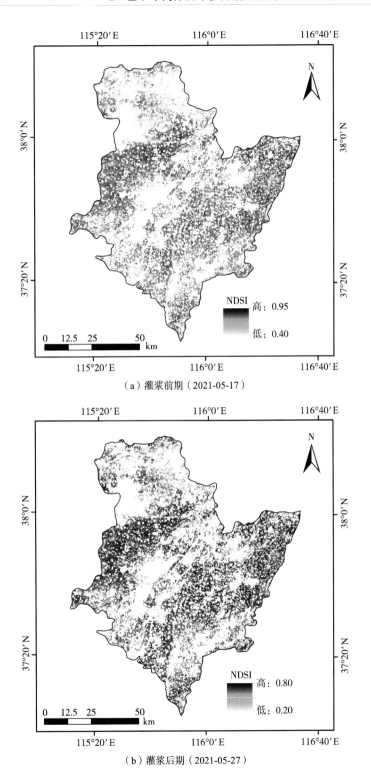

（a）灌浆前期（2021-05-17）

（b）灌浆后期（2021-05-27）

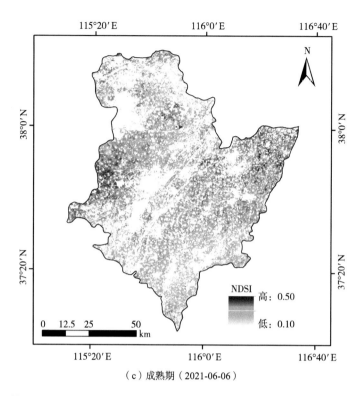

（c）成熟期（2021-06-06）

图4-12　基于Sentinel-2A卫星红光和窄近红外波段构建的冬小麦NDSI空间分布示意图

4.4.1.2　动态收获指数估算模型建立

根据深州市建模数据集（n=162）中的地上生物量数据和灌浆过程中籽粒产量动态数据，计算162个冬小麦样本点的D-f_G和动态收获指数（D-HI）。在此基础上，对实测D-f_G和实测动态收获指数（D-HI）间的线性关系进行拟合，得到D-f_G参数和动态收获指数（D-HI）间拟合方程如下：

$$D\text{-}HI=0.104\ 3+0.763\ 1 \cdot D\text{-}f_G \qquad (4\text{-}9)$$

式中，基于实测D-f_G的动态收获指数（D-HI）线性估算模型R^2为0.940 9（图4-13），这为开展基于D-f_G遥感参数信息的动态收获指数遥感估算奠定了基础。

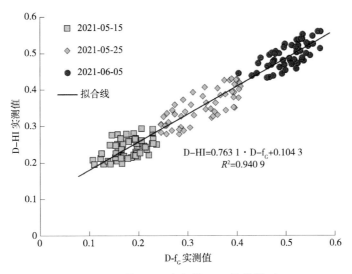

图4-13 基于D-f_G参数的D-HI估算模型

4.4.1.3 基于模拟Sentinel-2A波段数据的冬小麦收获指数估算

（1）冬小麦D-f_G参数估算和精度验证。首先，利用Sentinel-2A光谱响应函数模拟地面高光谱波段所对应的卫星遥感反射率数据，并以模拟反射率结果构建相应的NDSI；其次，构建模拟NDSI与实测D-f_G之间的估算模型，并估算冬小麦D-f_G；最后，得到基于模拟Sentinel-2A波段构建NDSI与D-f_G间统计关系及D-f_G估算精度，结果如表4-6所示。从表4-6可以看出，9个模拟Sentinel-2A波段构建的NDSI拟合D-f_G在$P<0.01$水平上均达到极显著水平，估算模型R^2在0.663 6~0.836 2。通过验证数据集（$n=108$）进行精度检验可知，其精度均达到了较高水平。其中，精度验证R^2在0.908 9~0.925 9，RMSE在0.038 6~0.048 2，NRMSE在11.18%~13.96%，MRE在10.07%~12.31%。可以看出，相较于红、绿、蓝波段的组合，红光波段、红边波段与近红外波段间组合的HI估算精度普遍较高，这主要由于红边波段是指示绿色植物生长状况的敏感性波段，能够有效反映植被养分状况、健康状态和生理生化参数等信息。其中，λ_1（672~680nm）和λ_2（855~875nm）模拟Sentinel-2A反射率构建的NDSI进行冬小麦D-f_G估算的精度最高，其RMSE、NRMSE和MRE分别为0.038 6、11.18%、10.07%，这主要是由于近红外与红光波段交界处快速变化的区域能够对植被冠层结构和叶绿素含量等

微小变化和植被生长状况进行有效反映，同时，红光和近红外波段反射率有明显的反差。因此，红光和处于近红外区域的窄近红外波段组合构成的NDSI估算D-f$_G$精度更高，效果更为理想。

表4-6　基于模拟Sentinel-2A波段构建NDSI的D-f$_G$精度验证

模拟Sentinel-2A 波段范围/nm		基于NDSI的D-f$_G$估算模型 （n=162）		D-f$_G$精度验证（n=108）			
λ_1	λ_2	拟合方程	R^2	R^2	RMSE	NRMSE/ %	MRE/ %
458~478	650~672	y=0.775 5x+0.156 9	0.836 2**	0.912 8**	0.046 1	13.35	11.70
569~578	846~866	y=−0.836 7x+0.936 4	0.810 2**	0.918 2**	0.048 2	13.96	12.24
569~578	855~866	y=−0.847 6x+0.946 6	0.813 1**	0.908 9**	0.048 0	13.90	12.31
672~680	806~892	y=−0.540 5x+0.702 3	0.825 9**	0.922 6**	0.039 5	11.42	10.63
672~680	855~875	y=−0.556 5x+0.717 1	0.827 2**	0.925 6**	0.038 6	11.18	10.07
698~713	806~892	y=−0.528 5x+0.638 4	0.798 9**	0.925 9**	0.041 9	12.12	11.09
698~713	855~875	y=−0.544 3x+0.652 1	0.801 2**	0.921 0**	0.041 4	11.97	10.58
733~748	806~892	y=−2.785 9x+0.859 4	0.663 6**	0.917 5**	0.044 4	12.84	11.29
733~748	855~875	y=−3.160 5x+0.967 3	0.671 6**	0.922 4**	0.044 0	12.72	11.22

注：拟合方程中x为波段λ_1、λ_2构建的NDSI，y为拟合的D-f$_G$；n为样本数量；**表示在P<0.01水平显著相关。下同。

（2）冬小麦动态收获指数估算和精度验证。在模拟波段构建的NDSI估算D-f$_G$的条件下，并根据公式（4-7）分别计算冬小麦D-HI估算结果，并进行精度验证。冬小麦动态收获指数总体精度验证结果如表4-7所示。从表4-7可知，估算结果验证均达到了高精度水平，其精度验证R^2在0.889 9~0.909 7，RMSE在0.040 4~0.051 5，NRMSE在10.83%~13.81%，MRE在9.56%~12.38%。其中，红光波段、红边波段与近红外波段间组合进行D-HI估测精度均较高，且基于波段λ_1（672~680nm）和λ_2（855~875nm）模拟Sentinel-2A反射率数据估算D-f_G参数的D-HI估测结果精度最高，RMSE、NRMSE和MRE分别为0.040 4、10.83%、9.56%。由于红光和近红外波段的反射率具有明显的反差，故由上述红光波段和窄近红外波段构成的NDSI对不同植被光谱的变化更为敏感，能很好地反映作物长势、生长状况以及D-f_G，加之D-f_G和D-HI间具有较好的正相关关系，因此，基于波段λ_1（672~680nm）和λ_2（855~875nm）获得的D-HI估算精度最高。上述基于模拟Sentinel-2A遥感数据波段组合进行D-HI估测的精度结果，对基于真实遥感数据的D-HI估测中遥感数据源选择、波段组合优选具有重要指导意义。

表4-7　基于模拟Sentinel-2A波段的D-HI估算模型总体精度验证

模拟Sentinel-2A波段范围/nm		D-HI精度验证（$n=108$）			
λ_1	λ_2	R^2	RMSE	NRMSE/%	MRE/%
458~478	650~672	0.908 9**	0.047 7	12.81	11.20
569~578	846~866	0.902 0**	0.051 5	13.81	12.38
569~578	855~866	0.889 9**	0.051 0	13.68	12.12
672~680	806~892	0.906 9**	0.042 4	11.36	10.21
672~680	855~875	0.908 3**	0.040 4	10.83	9.56
698~713	806~892	0.909 7**	0.045 6	12.24	10.81
698~713	855~875	0.903 9**	0.044 6	11.97	10.51
733~748	806~892	0.899 5**	0.047 6	12.77	10.98
733~748	855~875	0.908 7**	0.047 3	12.70	11.39

4.4.1.4　基于Sentinel-2A卫星遥感数据的冬小麦收获指数估算

（1）冬小麦D-f_G空间信息估算和精度验证。在基于模拟Sentinel-2A

卫星遥感数据获得的D-f$_G$和D-HI估算最高精度波段优选结果基础上，利用Sentinel-2A真实卫星遥感数据进行冬小麦收获指数估算。在利用宽波段Sentinel-2A卫星遥感数据估算冬小麦D-f$_G$过程中，首先，根据地面采样点的GPS定位信息对预处理后的遥感影像进行反射率提取，构建相应的NDSI与实测D-f$_G$间的模型；其次，根据地面高光谱敏感波段所对应的Sentinel-2A波段，直接运用波段计算获取相应NDSI的空间分布，在此基础上实现区域冬小麦D-f$_G$的空间提取并进行精度验证。基于Sentinel-2A的红光波段和窄近红外波段反射率构建的NDSI与D-f$_G$间拟合模型及D-f$_G$估算精度如图4-14和图4-15所示。其中，红光波段和窄近红外波段构建NDSI进行冬小麦D-f$_G$空间信息估算的精度验证决定系数（R^2）为0.907 1，RMSE、NRMSE、MRE分别为0.044 3、13.13%、11.90%。本研究基于上述最高精度的Sentinel-2A影像宽波段构建的NDSI实现了衡水地区冬小麦D-f$_G$空间信息分布获取，其中，灌浆前期、灌浆后期、成熟期D-f$_G$空间估算结果如图4-16所示。通过分析可知，灌浆前期D-f$_G$估算结果在0.19~0.51，研究区D-f$_G$平均值为0.23，灌浆后期D-f$_G$估算结果在0.27~0.62，研究区D-f$_G$平均值为0.40；成熟期D-f$_G$估算结果在0.44~0.68，研究区D-f$_G$平均值为0.53。

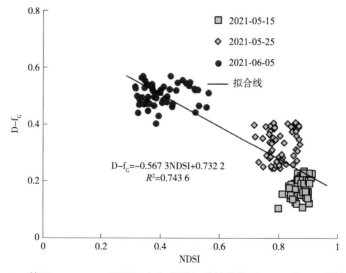

图4-14 基于Sentinel-2A卫星红光和窄近红外波段构建NDSI的D-f$_G$估算模型

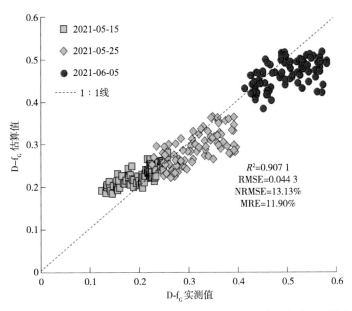

图4-15 基于Sentinel-2A红光和窄近红外波段卫星遥感数据的冬小麦D-f_G精度验证结果

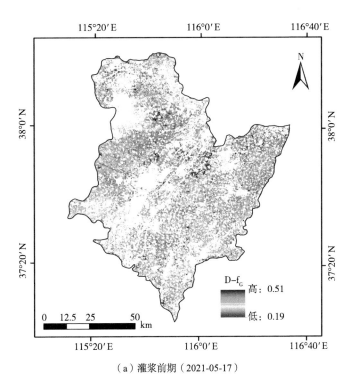

（a）灌浆前期（2021-05-17）

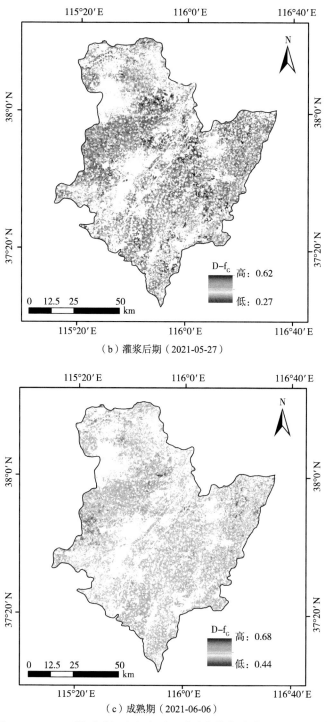

（b）灌浆后期（2021-05-27）

（c）成熟期（2021-06-06）

图4-16 基于Sentinel-2A卫星遥感红光和窄近红外波段的冬小麦D-f_G空间估算结果示意图

（2）冬小麦收获指数空间信息估算和总体精度验证。在冬小麦D-f_G空间信息获取的基础上，利用Sentinel-2A的红光波段和窄近红外波段构建的NDSI实现了衡水地区冬小麦D-HI空间信息估算，并进行总体精度验证。不同时期D-HI空间信息估算结果如图4-17所示，D-HI估算总体精度验证结果如图4-18所示。由图4-17可知，冬小麦灌浆前期D-HI估算结果在0.25～0.49，研究区D-HI平均值为0.28；冬小麦灌浆后期D-HI估算结果在0.31～0.58，研究区D-HI平均值为0.41；冬小麦成熟期D-HI估算结果在0.44～0.62，研究区D-HI平均值为0.51。通过验证，基于Sentinel-2A卫星遥感红光波段和窄近红外波段估算D-f_G参数的D-HI估算结果精度验证R^2为0.879 8，RMSE为0.050 2，NRMSE为13.81%，MRE为12.00%。上述基于红光波段和处于近红外区域的窄近红外波段D-HI估算结果对宽波段多光谱卫星遥感数据选择和传感器波段设置具有重要指导意义。

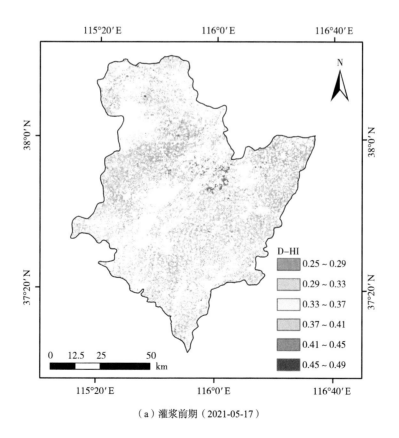

（a）灌浆前期（2021-05-17）

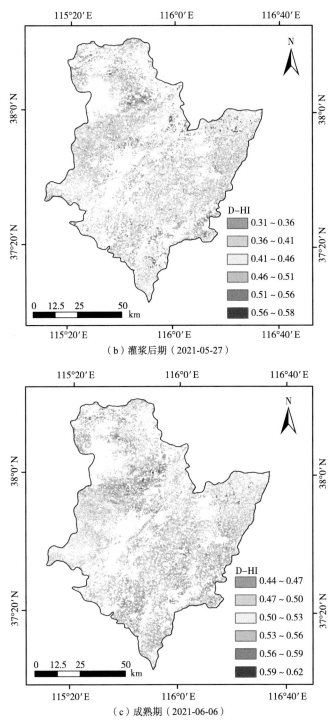

（b）灌浆后期（2021-05-27）

（c）成熟期（2021-06-06）

图4-17　基于Sentinel-2A卫星遥感红光和窄近红外波段的冬小麦D-HI空间信息估算结果示意图

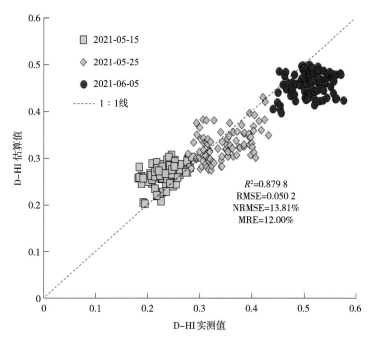

图4-18 基于Sentinel-2A卫星遥感红光和窄近红外波段的冬小麦D-HI估算验证结果

4.4.2 基于GF-1的区域冬小麦收获指数遥感估算及精度验证

本节主要包括两个部分，第一部分是利用GF-1光谱响应函数，在最大敏感波段宽度内模拟GF-1宽波段反射率，构建NDSI进行D-f_G的估算和精度验证，在此基础上完成模拟GF-1遥感数据的冬小麦收获指数的估算；第二部分是根据敏感波段中心对应的GF-1宽波段，构建相应的光谱指数进行区域D-f_G空间提取和精度验证，并完成基于GF-1卫星遥感数据的区域冬小麦收获指数空间提取和精度验证。

4.4.2.1 GF-1遥感波段选择与NDSI计算

（1）GF-1波段选择。根据表4-4中敏感波段最大宽度对应的地面高光谱波段范围，进而确定每个敏感波段中心所对应的GF-1波段，表4-8展示了D-f_G敏感波段最大波段宽度与GF-1遥感波段对应关系。本研究对于两个敏感波段中心处在同一个GF-1波段、敏感波段中心不在GF-1波段范围内这两种情况进行了舍弃处理。从表4-8可知，本研究筛选出的地面高光谱波段范围与

GF-1波段范围并非完全一致,为了便于利用光谱响应函数模拟GF-1波段反射率数据,当地面高光谱波段范围在GF-1波段范围内时,应用地面高光谱波段范围内数据;当地面高光谱波段范围超出GF-1波段范围时,应用GF-1波段范围内的数据。

表4-8 基于地面高光谱NDSI的最大波段宽度与GF-1卫星遥感波段对应关系

地面高光谱波段/nm		GF-1波段范围/nm		对应GF-1波段	
λ_1	λ_2	λ_1	λ_2	λ_1	λ_2
351～381	474～504	—	474～504	—	B
409～477	461～529	450～477	461～520	B	B
420～478	614～672	450～478	630～672	B	R
569～589	846～866	569～589	846～866	G	NIR
672～758	806～892	672～690	806～890	R	NIR

注: "—"表示无相关数据或信息;B、G、R、NIR分别表示宽波段蓝光(Blue)、绿光(Green)、红光(Red)和近红外光(Near Infrared)波段,下同。

(2)NDSI的计算。由表4-8得到地面高光谱波段范围所对应的GF-1波段,计算灌浆前期、灌浆后期、成熟期GF-1遥感波段由蓝光波段和红光波段构建的NDSI,绿光波段和近红外波段构建的NDSI以及红光波段和近红外波段构建的NDSI空间分布。限于篇幅,本研究仅展示波段672～690nm和波段806～890nm对应GF-1红光波段和近红外波段构建的NDSI的空间分布图。其中,图4-19为冬小麦灌浆前期、灌浆后期、成熟期的NDSI的空间估算结果。通过分析可知,冬小麦灌浆前期NDSI范围在0.20～0.90,研究区NDSI平均值为0.63;冬小麦灌浆后期NDSI范围在0.15～0.80,研究区NDSI平均值为0.56;冬小麦成熟期NDSI范围在0.10～0.50,研究区NDSI平均值为0.30。

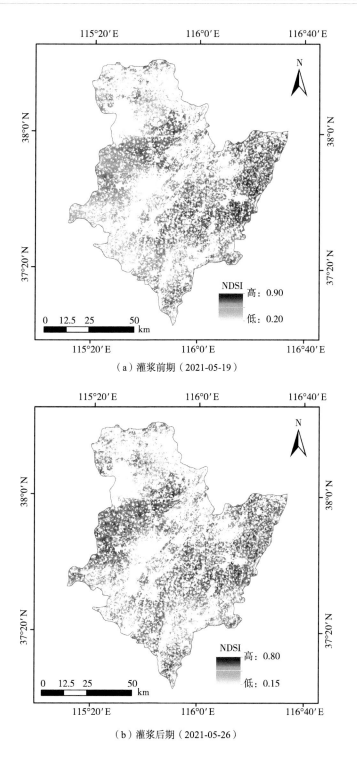

（a）灌浆前期（2021-05-19）

（b）灌浆后期（2021-05-26）

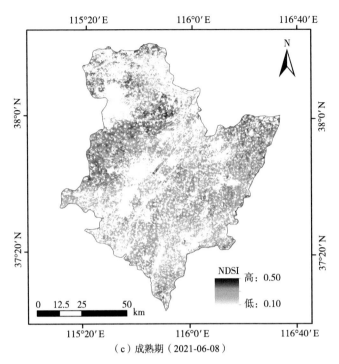

（c）成熟期（2021-06-08）

图4-19 基于GF-1卫星遥感波段λ（R，G）构建的冬小麦NDSI空间分布示意图

4.4.2.2 基于模拟GF-1波段的冬小麦收获指数估算

（1）冬小麦D-f_G估算和相关精度验证。利用GF-1光谱响应函数，模拟地面高光谱波段所对应的卫星反射率数据，并以模拟的反射率数据构建相应的NDSI；然后，构建NDSI与实测D-f_G间的模型，进而实现冬小麦D-f_G的估算并进行精度验证，得到基于模拟GF-1波段构建的NDSI与D-f_G间统计关系及D-f_G估算精度验证结果如表4-9和图4-20所示。从表4-9可以看出，3个模拟GF-1波段构建的NDSI拟合D-f_G在$P<0.01$水平上均达到极显著水平，模型决定系数（R^2）在0.806 8～0.838 7。通过验证数据集（$n=108$）进行精度检验可知，利用模拟GF-1波段构建NDSI的冬小麦D-f_G估算中，其精度均达到了较高的显著水平。其中，拟合精度R^2在0.913 4～0.915 7，RMSE在0.042 4～0.049 6，NRMSE在12.26%～14.35%，MRE在11.71%～12.80%。其中，672～690nm和806～890nm模拟GF-1反射率构建的NDSI进行冬小麦D-f_G估算的精度最高，RMSE、NRMSE和MRE分别为0.042 4、12.26%、11.71%。

表4-9 基于模拟GF-1波段构建NDSI的D-f$_G$精度验证

模拟GF-1波段范围/nm		基于NDSI的D-f$_G$拟合方程（n=162）		D-f$_G$精度验证（n=108）			
λ_1	λ_2	拟合方程	R^2	R^2	RMSE	NRMSE/%	MRE/%
450~478	630~672	$y=0.835\,8x+0.127\,8$	0.838 7**	0.913 4**	0.047 9	13.87	12.17
569~589	846~866	$y=-0.797\,0x+0.908\,2$	0.806 8**	0.915 2**	0.049 6	14.35	12.80
672~690	806~890	$y=-0.533\,8x+0.693\,5$	0.828 0**	0.915 7**	0.042 4	12.26	11.71

注：拟合方程中x为模拟GF-1波段λ_1、λ_2构建的NDSI，y为拟合冬小麦D-f$_G$；n为样本数量；**表示在$P<0.01$水平极显著相关。

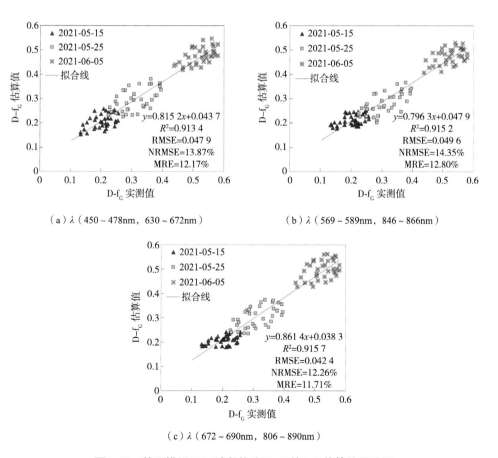

（a）λ（450~478nm，630~672nm）　　　　（b）λ（569~589nm，846~866nm）

（c）λ（672~690nm，806~890nm）

图4-20 基于模拟GF-1波段构建NDSI的D-f$_G$估算结果验证

（2）冬小麦收获指数估算和精度验证。本研究在λ（450～478nm，630～672nm）、λ（569～589nm，846～866nm）、λ（672～690nm，806～890nm）3个GF-1模拟波段构建的NDSI估算D-f_G的条件下，计算灌浆前期、灌浆后期和成熟期冬小麦D-HI估算结果，并进行精度验证。灌浆前期、灌浆后期和成熟期的冬小麦动态收获指数精度验证结果如表4-10和图4-21所示。从表4-10中可知，基于模拟GF-1反射率数据估算D-f_G参数的D-HI估算结果验证均达到了高精度水平，其拟合精度R^2在0.893 0～0.904 4，RMSE在0.044 7～0.053 1，NRMSE在12.01%～14.24%，MRE在10.89%～12.65%。其中，基于672～690nm和806～890nm两个波段模拟GF-1反射率数据估算D-f_G参数的D-HI估测结果精度最高，RMSE、NRMSE和MRE分别为0.044 7、12.01%、10.89%。

表4-10 基于模拟GF-1波段的D-HI估算模型总体精度验证

模拟GF-1波段范围/nm		D-HI精度验证（n=108）			
λ_1	λ_2	R^2	RMSE	NRMSE/%	MRE/%
450～478	630～672	0.899 5**	0.050 5	13.55	12.17
569～589	846～866	0.893 0**	0.053 1	14.24	12.65
672～690	806～890	0.904 4**	0.044 7	12.01	10.89

注：n代表验证数据集中样本数量；**表示在P<0.01水平极显著相关。

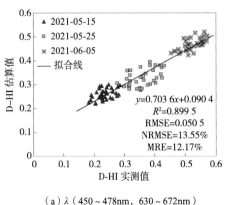

（a）λ（450～478nm，630～672nm）

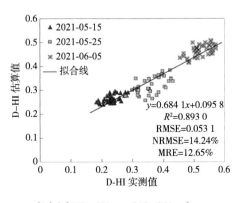

（b）λ（569～589nm，846～866nm）

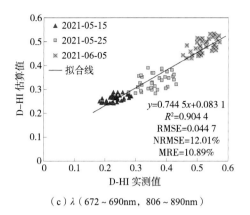

（c）λ（672～690nm，806～890nm）

图4-21　基于模拟GF-1波段的D-HI估算结果精度验证

（3）冬小麦单个生育期D-HI精度验证。本研究分别对灌浆前期、灌浆后期和成熟期的D-HI估算效果进行精度评价，每个采样时期对应的检验数据集（n=36），具体结果如表4-11至表4-13所示。总体上，基于模拟GF-1波段的冬小麦单个生育期D-HI精度验证在不同生育期均达到了较高的精度水平，且不同生育时期估算D-HI的最高精度排序为灌浆前期<灌浆后期<成熟期。其中，基于模拟GF-1波段λ（672～690nm，806～890nm）的冬小麦灌浆前期D-HI估算精度最高，RMSE、NRMSE和MRE分别为0.037 1、15.88%、14.41%；基于模拟GF-1波段λ（672～690nm，806～890nm）的冬小麦灌浆后期D-HI估算精度最高，RMSE、NRMSE和MRE分别为0.049 1、13.53%、10.73%；基于模拟GF-1波段λ（672～690nm，806～890nm）的冬小麦成熟期D-HI估算精度最高，RMSE、NRMSE和MRE分别为0.047 1、9.03%、7.51%。

表4-11　基于模拟GF-1波段的冬小麦灌浆前期D-HI精度验证

模拟GF-1波段范围/nm		灌浆前期D-HI精度验证（n=36）			
λ_1	λ_2	R^2	RMSE	NRMSE/%	MRE/%
450～478	630～672	0.170 5*	0.038 1	16.29	14.36
569～589	846～866	0.349 0**	0.039 2	16.79	15.29
672～690	806～890	0.262 0**	0.037 1	15.88	14.41

表4-12 基于模拟GF-1波段的冬小麦灌浆后期D-HI精度验证

模拟GF-1波段范围/nm		灌浆后期D-HI精度验证（$n=36$）			
λ_1	λ_2	R^2	RMSE	NRMSE/%	MRE/%
450~478	630~672	0.213 1**	0.052 4	14.45	12.10
569~589	846~866	0.316 3**	0.056 3	15.51	12.25
672~690	806~890	0.169 1*	0.049 1	13.53	10.73

表4-13 基于模拟GF-1波段的冬小麦成熟期D-HI精度验证

模拟GF-1波段范围/nm		成熟期D-HI精度验证（$n=36$）			
λ_1	λ_2	R^2	RMSE	NRMSE/%	MRE/%
450~478	630~672	0.405 6**	0.058 7	11.26	10.04
569~589	846~866	0.307 1**	0.061 2	11.73	10.39
672~690	806~890	0.328 3**	0.047 1	9.03	7.51

注：表4-11至表4-13中，n代表验证数据集的样本数量；**表示在$P<0.01$水平极显著相关；*表示在$P<0.05$水平显著相关。

4.4.2.3 基于GF-1卫星遥感数据的冬小麦收获指数估算

（1）冬小麦D-f_G空间提取和相关精度验证。在利用宽波段GF-1卫星遥感数据估算冬小麦D-f_G过程中，首先根据地面采样点的GPS定位信息对预处理后的遥感影像进行反射率提取，构建相应NDSI与实测D-f_G间的模型；然后，根据地面高光谱敏感波段所对应的GF-1波段计算获取相应NDSI的空间分布，在此基础上实现区域冬小麦D-f_G的空间提取并进行精度验证。基于GF-1宽波段反射率构建的NDSI与D-f_G间统计关系及D-f_G估算精度具体结果如表4-14和图4-22所示。

从表4-14可以看出，GF-1宽波段反射率构建的NDSI在估算冬小麦D-f_G中效果较好。其中，利用GF-1的红光波段和近红外波段构建的NDSI进行冬小麦D-f_G空间估算的精度最高，其RMSE、NRMSE和MRE分别为0.051 4、15.24%、12.99%。本研究基于上述最高精度的GF-1影像宽波段构建的NDSI实现了衡水地区冬小麦的D-f_G空间信息分布获取，图4-23是灌浆前期、灌浆后期、成熟期的D-f_G空间信息估算结果。通过分析可知，冬小麦灌浆前期D-f_G估算结果在0.03～0.61，研究区D-f_G平均值为0.27；灌浆后期D-f_G估算结果在0.12～0.70，研究区D-f_G平均值为0.34；成熟期D-f_G估算结果在0.38～0.74，研究区D-f_G平均值为0.56。

表4-14 基于GF-1卫星遥感波段构建NDSI的D-f_G精度验证

GF-1卫星遥感波段		基于NDSI的D-f_G拟合方程（n=162）		D-f_G精度验证（n=258）			
λ_1	λ_2	拟合方程	R^2	R^2	RMSE	NRMSE/%	MRE/%
B	R	$y=0.864\ 8x+0.074\ 3$	0.798 5**	0.863 3**	0.052 8	15.63	13.58
G	NIR	$y=-1.210\ 1x+0.973\ 2$	0.745 0**	0.849 0**	0.055 7	16.48	14.13
R	NIR	$y=-0.876\ 1x+0.825\ 8$	0.803 8**	0.857 9**	0.051 4	15.24	12.99

注：拟合方程中x为GF-1波段λ_1、λ_2构建的NDSI，y为拟合冬小麦D-f_G；n为样本数量；**表示在$P<0.01$水平极显著相关。

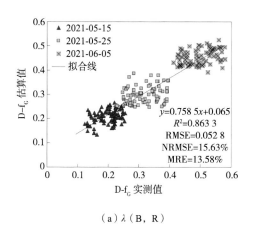

（a）λ（B，R）

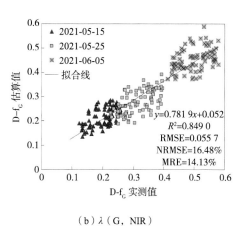

（b）λ（G，NIR）

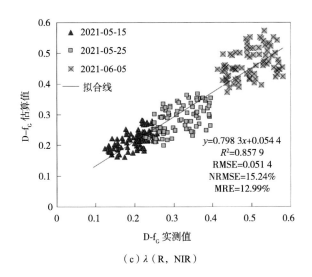

（c）λ（R，NIR）

图4-22　基于GF-1卫星遥感波段构建NDSI的D-f$_G$估算结果验证

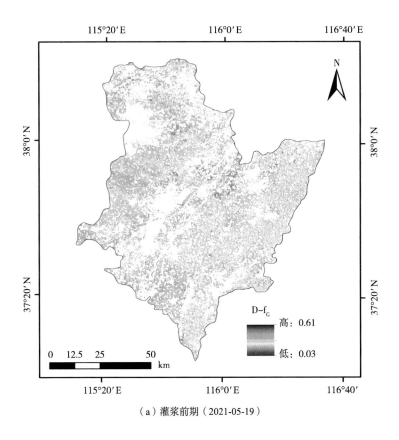

（a）灌浆前期（2021-05-19）

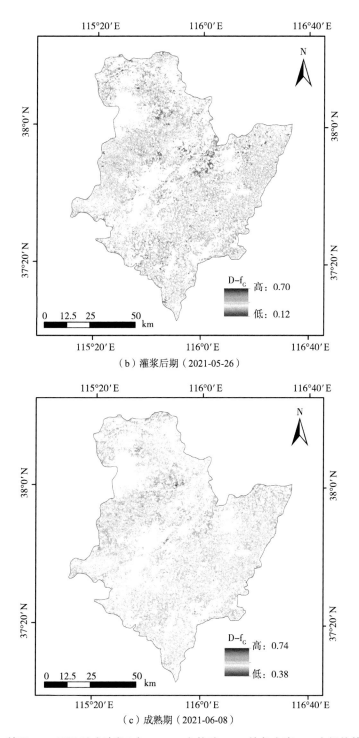

（b）灌浆后期（2021-05-26）

（c）成熟期（2021-06-08）

图4-23 基于GF-1卫星遥感波段λ（R，NIR）构建NDSI的冬小麦D-f$_G$空间估算示意图

（2）冬小麦收获指数空间提取和总体精度验证。在冬小麦D-f$_G$空间信息获取的基础上，根据公式（4-7）分别计算灌浆前期、灌浆后期和成熟期研究区域冬小麦D-HI空间估算结果并进行总体精度验证，具体结果如表4-15和图4-24所示。从表4-15中可知，基于宽波段GF-1卫星遥感估算D-f$_G$参数的D-HI空间估算效果较好。其拟合精度R^2在0.786 9~0.841 4，RMSE在0.053 8~0.060 7，NRMSE在14.79%~16.71%，MRE在12.96%~14.65%。其中，利用GF-1的λ（R，NIR）波段构建的NDSI估算D-f$_G$参数的D-HI空间信息估测结果精度最高，RMSE、NRMSE和MRE分别为0.053 8、14.79%、12.96%。本研究利用GF-1的红光波段和近红外波段实现了衡水地区冬小麦的D-HI空间信息分布估算，图4-25为灌浆前期、灌浆后期、成熟期的D-HI的

表4-15　基于GF-1卫星遥感波段的D-HI估算模型总体精度验证

GF-1卫星遥感波段		D-HI精度验证（n=258）			
λ_1	λ_2	R^2	RMSE	NRMSE/%	MRE/%
B	R	0.841 4	0.058 1	15.99	14.25
G	NIR	0.786 9	0.060 7	16.71	14.65
R	NIR	0.840 7	0.053 8	14.79	12.96

注：n为验证数据集中样本数量；**表示在$P<0.01$水平极显著相关。

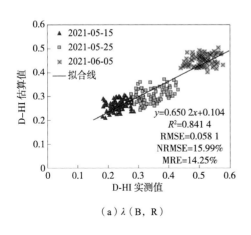

（a）λ（B，R）

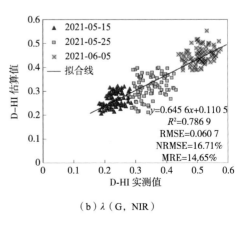

（b）λ（G，NIR）

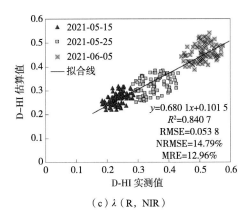

（c）λ（R，NIR）

图4-24 基于GF-1卫星遥感波段的D-HI估算模型精度验证

空间信息估算结果。通过分析可知，冬小麦灌浆前期D-HI估算结果在0.13～0.57，研究区D-HI平均值为0.31；冬小麦灌浆后期D-HI估算结果在0.19～0.60，研究区D-HI平均值为0.36；冬小麦成熟期D-HI估算结果在0.40～0.62，研究区D-HI平均值为0.53。

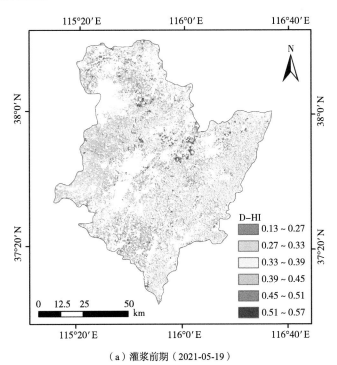

（a）灌浆前期（2021-05-19）

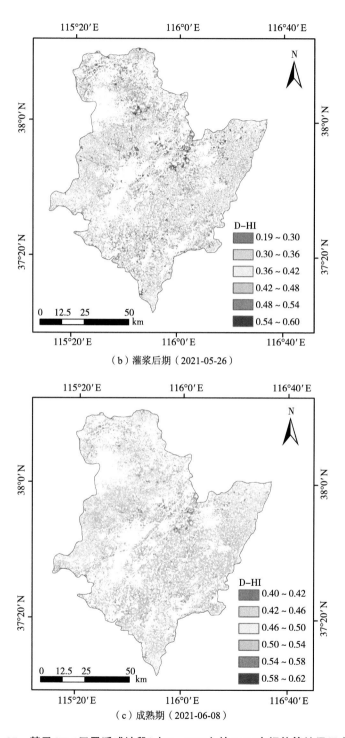

（b）灌浆后期（2021-05-26）

（c）成熟期（2021-06-08）

图4-25 基于GF-1卫星遥感波段λ（R，NIR）的D-HI空间估算结果示意图

（3）冬小麦单个生育期D-HI精度验证。本研究分别对灌浆前期、灌浆后期和成熟期的D-HI估算效果进行精度评价，每个采样时期对应的检验数据集样本数$n=86$，具体结果如表4-16至表4-18所示。总体上，基于GF-1遥感波段的冬小麦单个生育期D-HI精度验证在不同生育期（灌浆前期、灌浆后期和成熟期）精度效果均比较好，且不同生育时期估算D-HI的最高精度排序为灌浆前期<灌浆后期<成熟期。

基于GF-1卫星遥感波段的冬小麦灌浆前期D-HI精度验证中，RMSE在0.043 7~0.046 5，NRMSE在18.83%~20.03%，MRE在16.71%~17.43%，其中，基于λ（R，NIR）的冬小麦灌浆前期D-HI估算精度最高，RMSE、NRMSE和MRE分别为0.043 7、18.83%、16.71%。基于GF-1卫星遥感波段的冬小麦灌浆后期D-HI精度验证中，RMSE在0.050 9~0.061 3，NRMSE在14.63%~17.61%，MRE在11.84%~14.58%，其中，基于λ（R，NIR）的冬小麦灌浆后期D-HI估算精度最高，RMSE、NRMSE和MRE分别为0.050 9、14.63%、11.84%。基于GF-1卫星遥感波段的冬小麦成熟期D-HI精度验证中，RMSE在0.064 5~0.071 6，NRMSE在12.65%~14.05%，MRE在10.34%~12.04%，其中，基于λ（R，NIR）的冬小麦成熟期D-HI估算精度最高，RMSE、NRMSE和MRE分别为0.064 5、12.65%、10.34%。

表4-16　基于GF-1卫星遥感波段的冬小麦灌浆前期D-HI精度验证

GF-1卫星遥感波段		灌浆前期D-HI精度验证（$n=86$）			
λ_1	λ_2	R^2	RMSE	NRMSE/%	MRE/%
B	R	0.068 8*	0.044 0	18.95	16.84
G	NIR	0.160 7**	0.046 5	20.03	17.43
R	NIR	0.205 5**	0.043 7	18.83	16.71

表4-17　基于GF-1卫星遥感波段的冬小麦灌浆后期D-HI精度验证

GF-1卫星遥感波段		灌浆后期D-HI精度验证（ $n=86$ ）			
λ_1	λ_2	R^2	RMSE	NRMSE/%	MRE/%
B	R	0.167 4**	0.059 8	17.19	14.58
G	NIR	0.092 6**	0.061 3	17.61	14.47
R	NIR	0.190 8**	0.050 9	14.63	11.84

表4-18　基于GF-1卫星遥感波段的冬小麦成熟期D-HI精度验证

GF-1卫星遥感波段		成熟期D-HI精度验证（ $n=86$ ）			
λ_1	λ_2	R^2	RMSE	NRMSE/%	MRE/%
B	R	0.068 5*	0.067 9	13.32	11.32
G	NIR	0.096 5**	0.071 6	14.05	12.04
R	NIR	0.087 1**	0.064 5	12.65	10.34

注：表4-16至表4-18中， n 代表验证数据集的样本数量；**表示在 $P<0.01$ 水平极显著相关；*表示在 $P<0.05$ 水平显著相关。

4.4.3　基于Landsat-8的区域冬小麦收获指数遥感估算及精度验证

本节主要分为两个部分，第一部分是利用Landsat-8光谱响应函数，在最大敏感波段宽度内模拟Landsat-8宽波段反射率，构建NDSI进行D- f_G 的估算和精度验证，在此基础上完成模拟Landsat-8遥感数据的冬小麦收获指数估算；第二部分是根据敏感波段中心对应的Landsat-8宽波段，构建相应的光谱指数进行区域D- f_G 空间提取和精度验证，并完成基于Landsat-8卫星遥感数据的区域冬小麦收获指数空间提取和精度验证。

4.4.3.1 Landsat-8遥感波段选择与NDSI计算

（1）Landsat-8波段选择。根据表4-4中敏感波段最大宽度对应的地面高光谱波段范围，进而确定每个敏感波段中心所对应的Landsat-8波段，表4-19展示了基于地面高光谱NDSI估算冬小麦D-f_G敏感波段最大波段宽度与Landsat-8卫星遥感波段对应关系。对敏感波段中心不在Landsat-8的波段范围内和处于Landsat-8同一波段的情况予以舍弃处理。其中，地面高光谱波段宽度对应的Landsat-8波段与Sentinel-2、GF-1是相同的，这主要是由于多光谱卫星遥感数据在波段设置上的相似性造成的。

表4-19　基于地面高光谱NDSI的最大波段宽度与Landsat-8卫星遥感波段对应关系

地面高光谱波段/nm		Landsat-8波段范围/nm		对应Landsat-8波段	
λ_1	λ_2	λ_1	λ_2	λ_1	λ_2
351 ~ 381	474 ~ 504	—	474 ~ 504	—	B
409 ~ 477	461 ~ 529	450 ~ 477	461 ~ 515	B	B
420 ~ 478	614 ~ 672	450 ~ 478	630 ~ 672	B	R
569 ~ 589	846 ~ 866	569 ~ 589	846 ~ 866	G	NIR
672 ~ 758	806 ~ 892	672 ~ 680	845 ~ 885	R	NIR

（2）NDSI的计算。由表4-19得到地面高光谱波段范围所对应的Landsat-8波段，据此计算冬小麦灌浆前期、成熟期Landsat-8遥感波段由蓝光波段和红光波段构建的NDSI，绿光波段和近红外波段构建的NDSI以及红光波段和近红外波段构建的NDSI空间分布。限于篇幅，本研究仅展示672 ~ 680nm波段和845 ~ 885nm波段对应Landsat-8红光波段和近红外波段构建的NDSI空间分布图结果，如图4-26为灌浆前期和成熟期的NDSI的空间估算结果。通过分析可知，冬小麦灌浆前期NDSI范围在0.20 ~ 0.90，研究区NDSI平均值为0.65；冬小麦成熟期NDSI范围在0.10 ~ 0.50，研究区NDSI平均值为0.29。

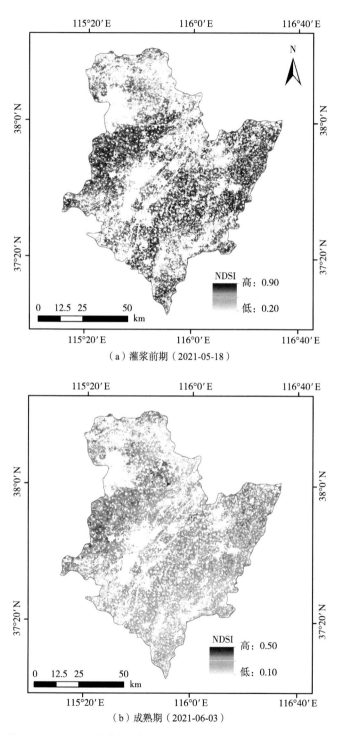

（a）灌浆前期（2021-05-18）

（b）成熟期（2021-06-03）

图4-26　基于Landsat-8遥感波段λ（R，NIR）构建的冬小麦NDSI空间分布示意图

4.4.3.2　基于模拟Landsat-8波段数据的冬小麦收获指数估算

（1）冬小麦D-f_G估算和相关精度验证。利用Landsat-8光谱响应函数，根据表4-19所示的地面高光谱波段范围所对应的Landsat-8波段范围，模拟Landsat-8宽波段反射率，并以模拟的反射率数据构建相应的NDSI；然后，构建模拟的NDSI与实测D-f_G间的模型，实现冬小麦D-f_G的估算和精度验证。最终，得到基于模拟Landsat-8波段构建的NDSI与D-f_G间统计关系及D-f_G的估算精度结果，具体结果如表4-20和图4-27所示。

从表4-20可以看出，3个模拟Landsat-8波段构建的NDSI拟合D-f_G在$P<0.01$水平上均达到极显著水平，模型决定系数（R^2）在0.806 4～0.839 6。通过验证数据集（$n=108$）进行精度检验可知，利用模拟Landsat-8波段构建NDSI的冬小麦D-f_G估算结果中，其精度均达到了较高的水平。其中，拟合精度R^2在0.893 5～0.906 6，RMSE在0.046 2～0.053 2，NRMSE在13.36%～15.40%，MRE在12.26%～13.87%。其中，672～680nm和845～885nm模拟Landsat-8波段构建NDSI进行冬小麦D-f_G估算的精度最高，其RMSE、NRMSE和MRE分别为0.046 2、13.36%、12.26%。

表4-20　基于模拟Landsat-8波段构建NDSI的D-f_G精度验证

模拟Landsat-8波段范围/nm		基于NDSI的D-f_G拟合方程（$n=162$）		D-f_G精度验证（$n=108$）			
λ_1	λ_2	拟合方程	R^2	R^2	RMSE	NRMSE/%	MRE/%
450～478	630～672	$y=0.796\,2x+0.134\,5$	0.839 6**	0.903 9**	0.051 5	14.91	13.25
569～589	846～866	$y=-0.794\,6x+0.906\,9$	0.806 4**	0.893 5**	0.053 2	15.40	13.87
672～680	845～885	$y=-0.560\,2x+0.720\,3$	0.827 4**	0.906 6**	0.046 2	13.36	12.26

注：拟合方程中x为模拟Landsat-8波段λ_1、λ_2构建的NDSI，y为拟合冬小麦D-f_G；n为样本数量；**表示在$P<0.01$水平极显著相关。

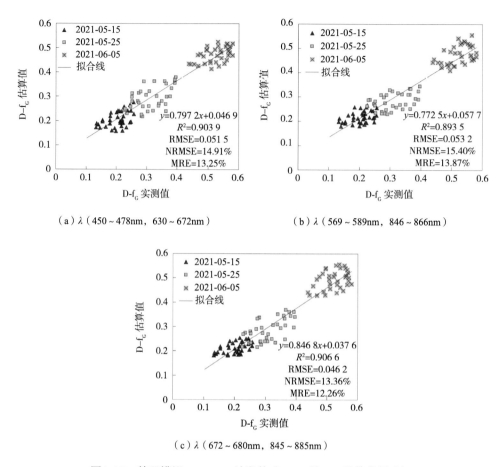

（a）λ（450～478nm，630～672nm）　　　（b）λ（569～589nm，846～866nm）

（c）λ（672～680nm，845～885nm）

图4-27　基于模拟Landsat-8波段构建NDSI的D-f_G估算结果验证

（2）冬小麦收获指数估算结果和精度验证。在λ（450～478nm，630～672nm）、λ（569～589nm，846～866nm）、λ（672～680nm，845～885nm）3个Landsat-8模拟波段构建NDSI估算D-f_G的条件下，分别计算灌浆前期、成熟期冬小麦动态收获指数估算结果并进行精度验证。灌浆前期、成熟期的冬小麦D-HI总体验证结果如表4-21和图4-28所示。从表4-21可知，在3个Landsat-8模拟波段构建的NDSI估算D-f_G的条件下，基于模拟Landsat-8波段估算D-f_G参数的D-HI估算结果均达到了高精度水平，其决定系数（R^2）在0.873 7～0.891 5，RMSE在0.048 4～0.055 5，NRMSE在12.99%～14.88%，MRE在11.92%～13.63%。其中，基于672～680nm和845～885nm模拟Landsat-8波段估算D-f_G参数的D-HI估测结果精度最高，

RMSE、NRMSE和MRE分别为0.048 4、12.99%、11.92%。

表4-21　基于模拟Landsat-8波段的D-HI估算模型总体精度验证

模拟Landsat-8波段范围/nm		D-HI精度验证（$n=108$）			
λ_1	λ_2	R^2	RMSE	NRMSE/%	MRE/%
450～478	630～672	0.891 5**	0.053 1	14.25	12.81
569～589	846～866	0.873 7**	0.055 5	14.88	13.63
672～680	845～885	0.890 8**	0.048 4	12.99	11.92

注：n代表验证数据集中样本数量；**表示在$P<0.01$水平极显著相关。

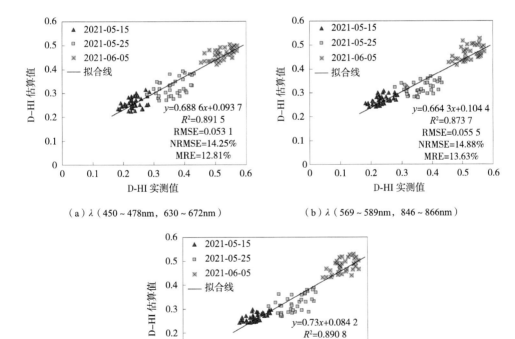

（a）λ（450～478nm，630～672nm）　　　（b）λ（569～589nm，846～866nm）

（c）λ（672～680nm，845～885nm）

图4-28　基于模拟Landsat-8波段的D-HI估算结果验证

（3）冬小麦单个生育期D-HI精度验证。本研究分别对灌浆前期、灌浆后期和成熟期的D-HI估算效果进行精度评价，每个采样时期对应的检验数据集样本数n=36，具体结果如表4-22至表4-24所示。总体上，基于模拟Landsat-8波段的冬小麦单个生育期D-HI精度验证在灌浆前期和成熟期均达到了较高的水平，且不同生育时期估算D-HI的最高精度排序为灌浆前期<灌浆后期<成熟期。基于模拟Landsat-8波段的冬小麦灌浆前期D-HI精度验证中，RMSE在0.038 9~0.043 1，NRMSE在16.66%~18.44%，MRE在15.02%~16.84%，其中，基于λ（672~680nm，845~885nm）的冬小麦灌浆前期D-HI估算精度最高，RMSE、NRMSE和MRE分别为0.038 9、16.66%、15.02%。基于模拟Landsat-8波段的冬小麦灌浆后期D-HI精度验证中，RMSE在0.054 0~0.058 2，NRMSE在14.88%~16.04%，MRE在12.23%~13.44%，其中，基于λ（672~680nm，845~885nm）的冬小麦灌浆后期D-HI估算精度最高，RMSE、NRMSE和MRE分别为0.054 0、14.88%、12.79%。基于模拟Landsat-8波段的冬小麦成熟期D-HI精度验证中，RMSE在0.051 0~0.063 1，NRMSE在9.78%~12.09%，MRE在7.93%~10.88%，其中，基于λ（672~680nm，845~885nm）的冬小麦成熟期D-HI估算精度最高，RMSE、NRMSE和MRE分别0.051 0、9.78%、7.93%。

表4-22 基于模拟Landsat-8波段的冬小麦灌浆前期D-HI精度验证

模拟Landsat-8波段范围/nm		灌浆前期D-HI精度验证（n=36）			
λ_1	λ_2	R^2	RMSE	NRMSE/%	MRE/%
450~478	630~672	0.156 7*	0.039 2	16.75	15.33
569~589	846~866	0.274 0**	0.043 1	18.44	16.84
672~680	845~885	0.371 9**	0.038 9	16.66	15.02

表4-23　基于模拟Landsat-8波段的冬小麦灌浆后期D-HI精度验证

模拟Landsat-8波段范围/nm		灌浆后期D-HI精度验证（n=36）			
λ_1	λ_2	R^2	RMSE	NRMSE/%	MRE/%
450~478	630~672	0.219 9**	0.054 4	15.01	12.23
569~589	846~866	0.149 7**	0.058 2	16.04	13.44
672~680	845~885	0.324 8**	0.054 0	14.88	12.79

表4-24　基于模拟Landsat-8波段的冬小麦成熟期D-HI精度验证

模拟Landsat-8波段范围/nm		成熟期D-HI精度验证（n=36）			
λ_1	λ_2	R^2	RMSE	NRMSE/%	MRE/%
450~478	630~672	0.362 3**	0.063 0	12.07	10.88
569~589	846~866	0.249 9**	0.063 1	12.09	10.61
672~680	845~885	0.278 3**	0.051 0	9.78	7.93

注：表4-22至表4-24中，n代表验证数据集的样本数量；**表示在P<0.01水平极显著相关；*表示在P<0.05水平显著相关。

4.4.3.3　基于Landsat-8卫星遥感数据的冬小麦收获指数估算

（1）冬小麦D-f_G空间提取和相关精度验证。利用宽波段Landsat-8卫星遥感数据估算冬小麦D-f_G过程中，首先提取遥感影像中采样点位置的反射率数据，构建相应的NDSI与实测D-f_G间的模型；然后，根据宽波段建立的与敏感波段相对应的NDSI进行区域冬小麦D-f_G的空间估算，并进行精度验证。基于Landsat-8宽波段反射率构建的NDSI与D-f_G间统计关系及D-f_G估算精度具体结果如表4-25和图4-29所示。从表4-25可以看出，Landsat-8宽波段反射率构建的NDSI在冬小麦D-f_G估算中效果较好。其中，利用Landsat-8的红光波段和近红外波段构建的NDSI进行冬小麦D-f_G空间估算的精度最高，RMSE、NRMSE和MRE分别为0.053 1、15.24%、13.86%。本研究基于上述最高精度Landsat-8影像宽波段构建的NDSI实现了衡水市冬小麦的D-f_G空间信息分布获取，图4-30是冬小麦灌浆前期、成熟期的D-f_G的空间估算结果。通过分析可知，灌浆前期D-f$_G$估算结果在0.14～0.59，研究区D-f$_G$平均值为0.31；成熟期D-f$_G$估算结果在0.40～0.66，研究区D-f$_G$平均值为0.53。

表4-25　基于Landsat-8卫星遥感波段构建NDSI的D-f$_G$精度验证

Landsat-8波段		基于NDSI的D-f$_G$拟合方程（n=108）		D-f$_G$精度验证（n=172）			
λ_1	λ_2	拟合方程	R^2	R^2	RMSE	NRMSE/%	MRE/%
B	R	$y=1.183\ 1x+0.032$	0.797 9**	0.918 7**	0.057 8	16.61	13.28
G	NIR	$y=-0.872\ 7x+0.901\ 7$	0.789 7**	0.917 0**	0.060 7	17.44	14.79
R	NIR	$y=-0.625\ 6x+0.713$	0.810 1**	0.920 9**	0.053 1	15.24	13.86

注：拟合方程中x为Landsat-8波段λ_1、λ_2构建的NDSI，y为拟合冬小麦D-f$_G$；n为样本数量；**表示在P<0.01水平极显著相关。

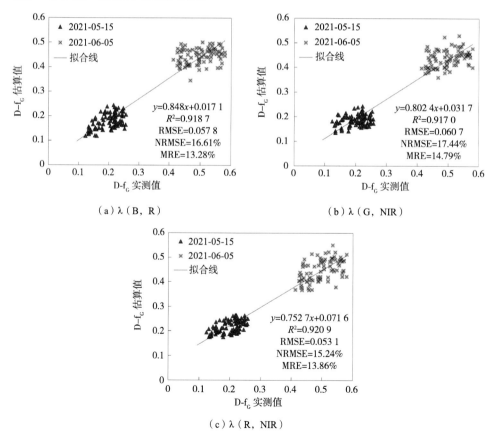

图4-29　基于Landsat-8卫星遥感波段构建NDSI的D-f$_G$估算结果验证

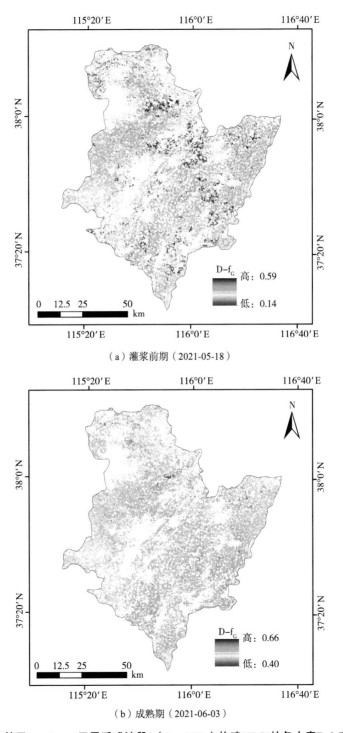

（a）灌浆前期（2021-05-18）

（b）成熟期（2021-06-03）

图4-30 基于Landsat-8卫星遥感波段λ（R，NIR）构建NDSI的冬小麦D-f_G空间估算

（2）冬小麦收获指数空间信息提取和总体精度验证。在冬小麦D-f$_G$空间信息获取的基础上，计算灌浆前期、灌浆后期和成熟期研究区域冬小麦D-HI空间信息估算结果并进行总体精度验证，如表4-26和图4-31所示。从表4-26可知，基于Landsat-8宽波段估算D-f$_G$参数的D-HI空间估算效果较好。利用Landsat-8的红光波段和近红外波段构建的NDSI估算D-f$_G$参数的D-HI空间信息估测结果精度最高，RMSE、NRMSE和MRE分别为0.061 2、16.51%、15.21%。本研究利用Landsat-8的红光波段和近红外波段实现了衡水市冬小麦的D-HI空间信息估算，具体灌浆前期、灌浆后期、成熟期的D-HI的空间估算结果如图4-32所示。通过分析可知，冬小麦灌浆前期D-HI估算结果在0.21～0.56，研究区D-HI平均值为0.34；成熟期D-HI估算结果在0.40～0.61，研究区D-HI平均值为0.51。

表4-26　基于Landsat-8卫星遥感波段的D-HI估算模型总体精度验证

Landsat-8卫星遥感波段		D-HI精度验证（n=172）			
λ_1	λ_2	R^2	RMSE	NRMSE/%	MRE/%
B	R	0.923 3**	0.062 0	16.71	15.28
G	NIR	0.910 0**	0.065 9	17.76	15.97
R	NIR	0.913 9**	0.061 2	16.51	15.21

注：n为验证数据集中样本数量；**表示在P<0.01水平极显著相关。

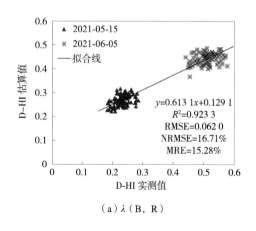

（a）λ（B，R）

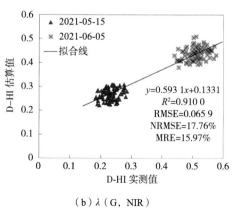

（b）λ（G，NIR）

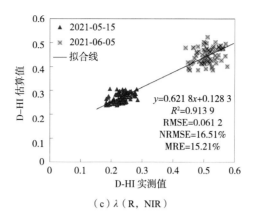

（c）λ（R，NIR）

图4-31 基于Landsat-8卫星遥感波段的D-HI估算模型精度验证

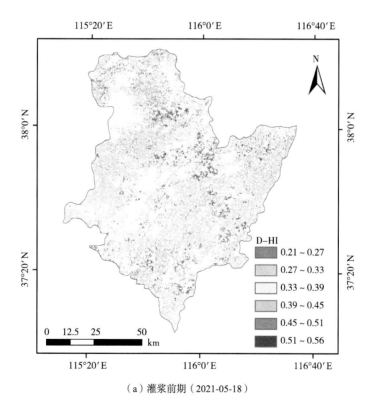

（a）灌浆前期（2021-05-18）

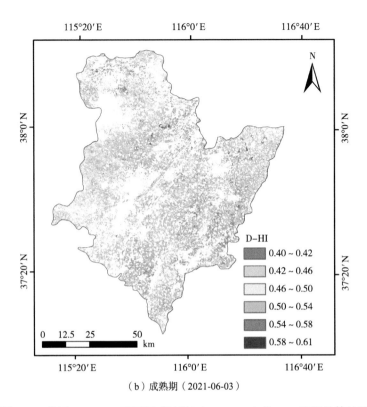

（b）成熟期（2021-06-03）

图4-32 基于Landsat-8卫星遥感波段λ（R，NIR）的D-HI空间估算结果

（3）冬小麦单个生育期D-HI精度验证。本研究分别对灌浆前期和成熟期的D-HI估算效果进行精度评价，每个时期对应的检验数据集样本数$n=86$，具体结果如表4-27和表4-28所示。总体上，基于Landsat-8卫星遥感波段的冬小麦单个生育期D-HI精度验证在不同生育期（灌浆前期、成熟期）精度效果均比较好，且不同生育时期估算D-HI的最高精度排序为灌浆前期＜成熟期。

基于Landsat-8卫星遥感波段的冬小麦灌浆前期D-HI精度验证中，RMSE在0.045 4～0.047 0，NRMSE在19.55%～20.24%，MRE在17.77%～17.98%，其中，基于λ（R，NIR）的冬小麦灌浆前期D-HI估算精度最高，RMSE、NRMSE和MRE分别为0.045 4、19.55%、17.86%。基于Landsat-8卫星遥感波段的冬小麦成熟期D-HI精度验证中，RMSE在0.073 7～0.080 5，NRMSE在14.47%～15.79%，MRE在12.57%～13.96%，其中，基于λ（R，NIR）的冬小麦成熟期D-HI估算精度最高，RMSE、NRMSE和MRE分别为0.073 7、14.47%、12.57%。

表4-27　基于Landsat-8卫星遥感波段的冬小麦灌浆前期D-HI精度验证

Landsat-8卫星遥感波段		灌浆前期D-HI精度验证（n=86）			
λ_1	λ_2	R^2	RMSE	NRMSE/%	MRE/%
B	R	0.158 5**	0.045 7	19.66	17.77
G	NIR	0.075 4*	0.047 0	20.24	17.98
R	NIR	0.212 9**	0.045 4	19.55	17.86

表4-28　基于Landsat-8卫星遥感波段的冬小麦成熟期D-HI精度验证

Landsat-8卫星遥感波段		成熟期D-HI精度验证（n=86）			
λ_1	λ_2	R^2	RMSE	NRMSE/%	MRE/%
B	R	0.059 1*	0.074 8	14.68	12.79
G	NIR	0.085 6**	0.080 5	15.79	13.96
R	NIR	0.106 6**	0.073 7	14.47	12.57

注：表4-27、表4-28中，n代表验证数据集的样本数量；**表示在P<0.01水平极显著相关；*表示在P<0.05水平显著相关。

4.5　本章小结

本章在敏感波段中心和最大波段宽度筛选的基础上开展了区域冬小麦收获指数卫星遥感估算，而且利用Sentinel-2A、GF-1和Landsat-8等宽波段多光谱遥感数据及其模拟数据完成了河北省衡水市冬小麦收获指数遥感估算研究，并进行精度验证，主要结论如下。

（1）利用敏感波段中心和最大波段宽度筛选结果和Sentinel-2A、GF-1和Landsat-8等光谱响应函数，基于模拟的遥感反射率构建NDSI与实测D-f_G间估算模型，实现了冬小麦D-f_G的估算并进行精度验证。结果表明，基于模拟多光谱数据反射率构建NDSI的冬小麦D-f_G估算中，不同数据源估算D-f_G精度排序为Sentinel-2A>GF-1>Landsat-8，且基于地面高光谱敏感波段λ（672～758nm，806～892nm）模拟多光谱遥感反射率构建的NDSI进行冬小麦D-f_G估算的精度最高。其中，基于λ（672～680nm，855～875nm）模拟Sentinel-2A反射率构建NDSI的冬小麦D-f_G估算中，其RMSE、NRMSE和MRE分别为0.038 6、11.18%、10.07%；基于λ（672～690nm，806～890nm）模拟GF-1反射率构建NDSI的冬小麦D-f_G估算中，其RMSE、NRMSE和MRE分别为0.042 4、12.26%、11.71%；基于λ（672～680nm，845～885nm）模拟Landsat-8波段构建NDSI的冬小麦D-f_G估算中，其RMSE、NRMSE和MRE分别为0.046 2、13.36%、12.26%。

在基于模拟Sentinel-2A、GF-1和Landsat-8遥感反射率数据完成冬小麦D-f_G估算的基础上，实现了不同灌浆阶段和成熟期冬小麦D-HI估算并进行精度验证。结果表明，不同数据源估算D-HI精度排序为Sentinel-2A>GF-1>Landsat-8。基于地面高光谱敏感波段λ（672～758nm，806～892nm）模拟多光谱遥感反射率估算D-f_G参数的D-HI估算精度最高。其中，基于λ（672～680nm，855～875nm）模拟Sentinel-2A波段的D-HI估算中，RMSE、NRMSE和MRE分别为0.040 4、10.83%、9.56%；基于λ（672～690nm，806～890nm）模拟GF-1波段的D-HI估算中，其RMSE、NRMSE和MRE分别为0.044 7、12.01%、10.89%；基于λ（672～680nm，845～885nm）模拟Landsat-8波段的D-HI估算中，其RMSE、NRMSE和MRE分别为0.048 4、12.99%、11.92%。这在一定程度上说明了高空间分辨率的Sentinel-2A影像在区域冬小麦收获指数估算中具有一定的应用潜力和优势。此外，基于模拟Sentinel-2A、GF-1、Landsat-8波段的冬小麦单个生育期D-HI精度验证在不同生育期（灌浆前期、灌浆后期和成熟期）均达到了较高的精度水平，不同生育时期估算D-HI的最高精度排序为灌浆前期<灌浆后期<成熟期。

（2）在宽波段多光谱遥感卫星数据估算区域冬小麦D-f_G空间信息中，利用敏感波段中心及其最大波段宽度筛选结果所在波段获取NDSI空间分布信息，并开展了区域冬小麦D-f_G空间信息估算和精度验证。结果表明，基于Sentinel-2A、GF-1和Landsat-8 3种多光谱卫星遥感数据，均为利用红光波段和近红外波段（或窄近红外波段）构建的NDSI估算D-f_G参数的D-HI估算精度最高。其中，利用Sentinel-2A的λ（R，NIR2）波段构建的NDSI进行冬小麦D-f_G空间估算的精度最高，其RMSE、NRMSE和MRE分别为0.044 3、13.13%、11.90%；利用GF-1的λ（R，NIR）波段构建的NDSI进行冬小麦D-f$_G$空间估算的精度最高，其RMSE、NRMSE和MRE分别为0.051 4、15.24%、12.99%；利用Landsat-8的λ（R，NIR）波段构建的NDSI进行冬小麦D-f$_G$空间估算的精度最高，其RMSE、NRMSE和MRE分别为0.053 1、15.24%、13.86%。

此外，不同灌浆阶段和成熟期区域冬小麦收获指数空间信息遥感估算与精度验证的结果表明，不同数据源估算D-HI总体验证精度排序为Sentinel-2A>GF-1>Landsat-8，基于红光波段和近红外波段（或窄近红外波段）构建的NDSI估算作物D-HI空间估测结果精度最高。其中，利用Sentinel-2A的λ（R，NIR2）波段构建的NDSI估算D-f$_G$参数的D-HI空间信息估测结果精度最高，RMSE、NRMSE和MRE分别为0.050 2、13.81%、12.00%。利用GF-1的λ（R，NIR）波段构建的NDSI估算D-f$_G$参数的D-HI空间信息估测结果精度最高，RMSE、NRMSE和MRE分别为0.053 8、14.79%、12.96%。利用Landsat-8的λ（R，NIR）波段构建的NDSI估算D-f$_G$参数的D-HI空间信息估测结果精度最高，RMSE、NRMSE和MRE分别为0.061 2、16.51%、15.21%。此外，基于Sentinel-2A、GF-1、Landsat-8遥感波段的冬小麦单个生育期D-HI精度验证在不同生育期（灌浆前期、灌浆后期和成熟期）均达到了较高的精度水平，不同生育时期估算D-HI的最高精度排序为灌浆前期<灌浆后期<成熟期。

（3）在冬小麦收获指数的遥感估算研究中，基于模拟Sentinel-2A、GF-1和Landsat-8遥感数据的作物收获指数估算精度取得了较高的估算精度，且模拟遥感数据的估算精度略高于多光谱宽波段卫星遥感数据的估算精度，这一方面说明本研究提出的方法在田间冠层尺度扩展到区域尺度范围内理论上是可行的。但是，在基于卫星遥感的区域收获指数估算研究过程中，由于受大气影响造成卫星遥感反射率数据出现一定误差或波动，从而在一定程度上降低了作物收获指数估算模型的应用精度。但是，模拟遥感数据与不同多光谱遥感数据（如Sentinel-2A、GF-1、Landsat-8）区域作物收获指数估算结果对比看，宽波段多光谱高空间分辨率卫星遥感影像在区域作物收获指数估算应用中仍具有重要意义，对于大范围区域作物收获指数空间信息获取将发挥重要作用。

基于时序中低分辨率多光谱数据的
区域作物收获指数遥感估算

作物收获指数作为影响作物单产的重要生物学参数之一，早已引起人们的重视。对粮食作物来说，收获指数是指作物籽粒产量占作物地上生物量的百分数。在正常生长条件下，作物收获指数与作物单产呈正相关关系，同时，收获指数与作物光合产物运转、分配及器官发育建成有密切关系。因此，收获指数是长期以来农学家及育种专家提高作物单产、选育作物新品种和品种改良所需考虑的最重要因素之一（潘晓华和邓强辉，2007）。众多研究也表明，近几十年来，稻、麦等作物收获指数的不断提高是其单产不断提高的一个重要原因（张福春和朱志辉，1990；廖耀平等，2001）。随着作物生长机理模型的出现，作物收获指数成为生长模型模拟作物单产必需的输入参数（Williams et al.，1989；Kiniry et al.，2004）。同时，收获指数是影响作物生长模型模拟作物产量精度的敏感因素，是模型本地化和提高单产模拟精度较关键的参数（吴锦等，2009）。

目前，作物收获指数研究大多基于农学试验层面，并在田块尺度进行测量或研究，内容主要涉及作物收获指数的数学模拟、收获指数与相关农学参数关系或对作物生长环境及其管理措施的响应（Soltani et al.，2004；Soltani et al.，2005；Moser et al.，2006），而大范围作物收获指数空间信息提取研究国内外鲜有报道。当为满足区域作物收获指数信息需求时，一般主要采用以点代面法、空间内插法或文献查询法获取区域作物收获指数（Kiniry et al.，2004；Ren et al.，2007；任建强等，2006）。以点代面法是将定点试验获得的多年收获指数均值作为区域作物收获指数。空间内插法是将实际调查的多点作物收获指数进行空间内插得到当年收获指数区域空间分布。作物收获指数受到的影响因素众多，如育种水平、作物品种、田间管理水平、气候条件以及外界胁迫条件（如高温、缺水）等，其在一定时期较大区域内会呈现一定的稳定性（Echarte和Andrade，2003），但同一作物由于品种、管理水平和胁迫条件的不同使收获指数在小区域范围内存在较大的空间变异。特别是在我国以农户为基本农业生产单位的特定条件下，作物收获指数空间变异性将大大增加。可见，采用以点代面或空间内插等方法获得区域作物收获指数难以真实反映出作物收获指数的空间分布状况。

近些年来，遥感技术已经成为农业定量遥感中快速、准确获取地表作物和环境参数的主要技术（Shanahan et al.，2001；Doraiswamy et al.，2005；

Launay和Guerif，2005），但国内外利用遥感技术提取作物收获指数空间分布信息的研究很少，作者仅见少数报道。如Samarasinghe（2003）利用统计部门区域平均作物单产数据与遥感获取的作物生物量数据得到了区域平均水稻收获指数，这比以点代面的方法更合理，但不能获取收获指数的空间分布信息，且空间变异性仍无法解决。Moriondo等（2007）运用归一化植被指数NDVI进行区域范围小麦收获指数提取，但该方法需要首先确定区域内最大收获指数和收获指数可能变幅，上述参数在大范围区域内较难准确获取，且具有一定不确定性，从而使作物收获指数最终结果具有一定不确定性，这成为Moriondo提出的方法在大范围广泛使用的限制条件。在中国，科研人员利用遥感技术支持下的作物生长机理模型或光能利用效率半机理模型估算区域作物单产取得了较好的效果，但作物收获指数仍是影响作物单产模拟精度的关键因素（Bastiaanssen和Ali，2003；Lobell et al.，2003；Ren et al.，2007）。

为进一步提高作物单产模拟的精度和农业资源监测与管理水平，本研究在Moriondo等研究基础上，提出一种区域尺度作物收获指数空间信息提取方法，即通过时序归一化植被指数数据构建与作物收获指数密切相关的参数，并建立该参数与地面实测作物收获指数的定量关系，从而获取区域作物收获指数空间分布信息。其中，植被指数数据来源于时序中低空间分辨率多光谱MODIS遥感数据。该方法不仅可以提高区域作物收获指数空间信息精度，而且改变由于无法得到作物收获指数空间分布信息而将其作为常数处理的方法。考虑到冬小麦是中国北方重要的粮食作物之一，本研究选择以黄淮海地区冬小麦为研究对象。

5.1 研究区域

研究区（115.17°~116.57°E，37.05°~38.38°N）位于中国北方粮食生产基地黄淮海平原区内的河北省衡水市11个县（市），覆盖面积为8 836km²（图5-1）。该区属于暖温带半干旱区季风气候，大于0℃积温4 200~5 500℃，年累积辐射量为（5.0~5.2）×10⁶kJ/m²，无霜期为200d左右，年平均降水量约480mm。该区主要粮食作物为冬小麦—夏玉米一年两熟轮作制度。其中，研究年份中冬小麦种植时间为9月底至10月初，返青开始时间为第二年3月上旬，开花期为5月中旬，乳熟末期为6月上旬，收获期为6月中旬前后。2004年、2007年和2008年地面实测冬小麦收获指数调查点共117个（图5-1）。

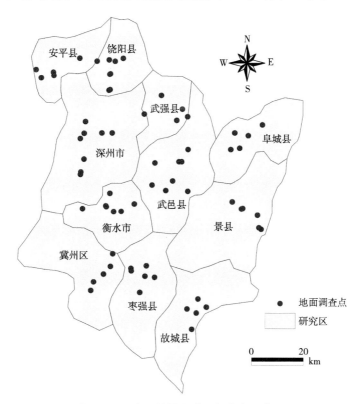

图5-1　研究区位置和地面调查点示意图

5.2　数据获取与准备

5.2.1　MODIS-NDVI遥感数据

本研究采用的归一化植被指数是空间分辨率250m的MODIS-NDVI日数据，其计算公式如下：

$$\text{NDVI} = \frac{R_n - R_r}{R_n + R_r} \qquad (5-1)$$

式中，R_n为近红外波段的反射率；R_r为红光波段的反射率。

为减少云的干扰，采用最大值合成法（MVC）将日NDVI数据合成旬

NDVI数据。本研究中2004年、2007年和2008年各年3月至6月上旬MODIS原始日数据源于中国农业科学院农业资源与农业区划研究所卫星接收系统存档数据。该产品数据预处理由数据接收处理系统完成，首先对接收的MODIS原始数据进行辐射校正和定位校正得到MODIS 1B数据，然后对MODIS 1B数据进行BOWTIE处理、大气校正和几何精校正。最后利用每天MODIS第二近红外波段反射率和第一红光波段反射率计算得到日MODIS-NDVI。处理数据时，将大于0的NDVI扩大100倍；对于小于0的NDVI均假设为0，因为此时地表无植被覆盖或是裸地。因此，研究中NDVI数据的值在0~100，其中，用255代表云，254代表水。

5.2.2 Savitzky-Golay滤波平滑

经过10d最大值合成处理的MODIS-NDVI仍可能存在云的干扰或其他原因造成的数据丢失，本研究采用Savitzky-Golay滤波平滑方法对MODIS-NDVI旬数据时间序列进行平滑去噪处理，从而有效去除多时相NDVI遥感数据受云、气溶胶影响造成的噪声（Chen et al.，2004）。该滤波技术是由Savitzky和Golay提出，利用最小二乘卷积拟合方法来平滑和计算一组相邻值或光谱导数。该方法可简单理解为是一种权重滑动平均滤波，其权重取决于滤波窗口范围内做最小二乘拟合的多项式次数。该滤波器可以应用于任何相同时间间隔、连续且具有一定平滑特征的数据。平滑时，采用NDVI的上包络线来拟合NDVI时序数列的变化趋势，通过迭代过程使Savitzky-Golay平滑达到最好的效果。得到了较高质量的3年冬小麦MODIS-NDVI旬时序数据，冬小麦1月上旬至成熟期间NDVI平滑效果如图5-2所示。

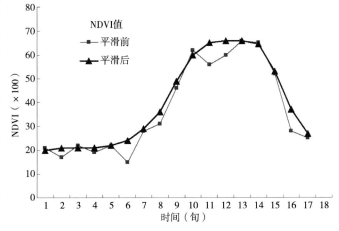

图5-2 冬小麦旬NDVI数据Savitzky-Golay平滑滤波效果

5.2.3 地面实测冬小麦收获指数

2004年、2007年和2008年冬小麦收获指数通过在研究区选择典型样区并通过地面实测获取。其中，样区选择不仅考虑了小麦长势和产量的代表性，同时考虑样区在研究区中分布的均匀性。样区面积不小于$500m \times 500m$，样区内种植结构较为单一，样区位置采用差分GPS进行精确定位。每个样区内冬小麦收获指数实测点取样面积为$1m^2$，且具有代表性实测样点不少于3个。同时，收获指数获取采用冬小麦实割实测获得，最后将样区内各样点的收获指数均值作为样区小麦收获指数数值。调查中，2004年调查点为29个，2007年调查点为42个，2008年调查点为46个。2004年和2007年两年的数据用来建立模型，2008年数据用于方法精度的检验。

为了能够从遥感数据上获取与地面调查点相对应的冬小麦相应参数或数据，本研究采用农业农村部遥感应用中心研究部提供的研究区冬小麦分布图，然后利用该图对所生成的HI_{NDVI_SUM}遥感参数进行掩膜处理，得到冬小麦HI_{NDVI_SUM}遥感参数。同时为减小误差，对地面调查点做500m缓冲区，在对相应遥感参数进行提取时，得到与地面调查点相对应的500m范围内遥感参数均值。

5.3 主要研究方法

5.3.1 研究方法

本研究从作物收获指数形成机制和农学概念出发，充分利用冬小麦生长期间时序归一化植被指数与时间变量构成的特征曲线，并利用主要生育期曲线峰后（开花期至乳熟期）累积值和曲线峰前（返青至开花前）累积值的比值HI_{NDVI_SUM}表征冬小麦收获指数，最后利用遥感技术获取的不同时期时序NDVI数据和地面实测冬小麦收获指数，研究建立HI_{NDVI_SUM}与冬小麦收获指数间定量关系，从而实现对空间冬小麦收获指数的模拟和预测。具体技术路线和步骤见图5-3。

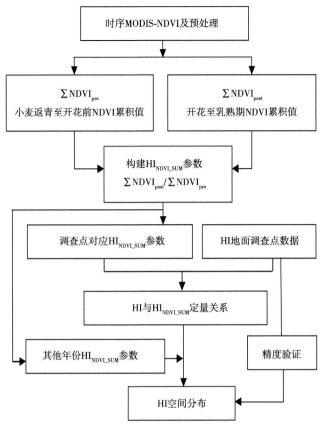

图5-3 研究技术路线

5.3.1.1 参数HI$_{NDVI\_SUM}$的构建

通过研究NDVI时序构成的作物生长过程曲线，本研究利用冬小麦开花前曲线特征和开花后曲线特征，构建与冬小麦收获指数概念相关的参数HI$_{NDVI\_SUM}$，即

$$HI_{NDVI\_SUM} = \frac{\sum NDVI_{post}}{\sum NDVI_{pre}}$$

（5-2）

式中，$\sum NDVI_{post}$为冬小麦时序NDVI曲线峰后累积值，即冬小麦开花后至乳熟期NDVI累积值，该指标反映冬小麦籽粒干物质积累过程；$\sum NDVI_{pre}$为冬小麦时序NDVI曲线峰前累积值，即冬小麦返青至开花前NDVI累积值，该指标反映了作物茎、叶等干物质积累过程，同时对后期产量形成具有一定影

响；$\sum NDVI_{post}/\sum NDVI_{pre}$是与作物收获指数存在一定相关关系的参数。

5.3.1.2 参数HI_{NDVI_SUM}与冬小麦收获指数的定量关系

在构建冬小麦收获指数反演参数基础上，通过研究所构建参数HI_{NDVI_SUM}与历史实测冬小麦收获指数间的定量统计关系，从而利用上述定量关系进行区域尺度冬小麦收获指数反演。所用的历史冬小麦收获指数为2004年和2007年的实测收获指数。研究中，主要利用SPSS统计软件曲线拟合模块进行参数HI_{NDVI_SUM}与历史实测作物收获指数间的直线统计关系拟合。

5.3.1.3 参数HI_{NDVI_SUM}模拟冬小麦收获指数精度评价

利用2008年的NDVI数据，计算相应构建参数的值，进而利用已经建立的参数HI_{NDVI_SUM}与冬小麦收获指数的定量关系，得到参数HI_{NDVI_SUM}定量关系预测的2008年冬小麦收获指数空间分布。然后，将2008年冬小麦收获指数预测结果与实际地面测量收获指数进行对比，得到参数HI_{NDVI_SUM}反演作物收获指数的精度。模拟精度采用的评价参数为平均相对误差和均方根误差（RMSE）。

5.3.2 理论基础

作物收获指数是指农作物籽粒产量占农作物地上生物量的百分数，从作物生理机制角度看，收获指数即为碳素从源分到籽粒库的比例。因此，作物抽穗开花前作物累积生物量和抽穗开花后光合产物向穗部转移水平决定了作物收获指数的大小，这便是作物收获指数形成的重要机制之一（宋荷仙等，1993；潘晓华和邓强辉，2007）。可见，对收获期单位面积作物地上生物量和作物籽粒产量的准确度量则成为准确测定作物收获指数的关键，而作物开花前营养生长阶段主要与作物地上生物量积累有密切关系，开花后的生殖生长阶段主要与作物籽粒产量有密切关系（Rasmussen，1992；Benedetti和Rossini，1993；张峰等，2004）。

随着遥感数据空间分辨率、时间分辨率和光谱分辨率的提高，具有较高时间分辨率的中低空间分辨率遥感卫星可以实现对作物进行动态连续监测。其中，归一化植被指数（NDVI）是一个能够通过遥感获取且能够直接、有效地反映作物绿度长势的最佳遥感参考量之一，在农作物遥感长势监测中有着广泛应用（Gitelson和Kaufman，1998；Dadhwal和Ray，2000；赵英时，

2003）。研究表明，作物生长关键生育期归一化植被指数（NDVI）与作物的生物量和作物单产均具有较好的关系，而作物生物量和产量的形成是一个日积月累渐变过程，NDVI时间序列曲线对农作物各个阶段的生长发育及长势状况具有很好的响应（江东等，2002；赵英时，2003）。图5-4为本研究利用经过平滑处理后的MODIS NDVI形成的研究区内冬小麦NDVI-时间序列曲线。同时，众多研究也表明，作物开花前期和开花后NDVI累积值与作物的地上生物量和作物单产具有较好的关系（Benedetti和Rossini，1993；Doraiswamy和Cook，1995；池宏康，1995）。本研究对作物阶段性累积NDVI与作物的地上生物量和作物单产的关系进行了深入研究，取得了较为一致的结论。

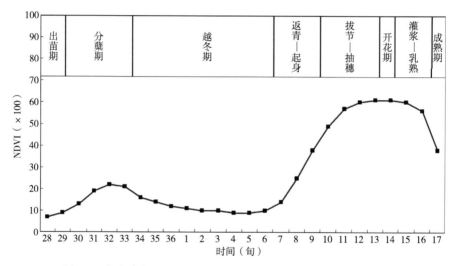

图5-4　冬小麦各生育期旬NDVI时序曲线及其关键生育期示意图

利用2004年和2007年研究区11个县（市）冬小麦地面实测地上生物量和冬小麦单产数据以及相应旬MODIS-NDVI数据，建立了研究区小麦返青—开花前旬NDVI累积值与冬小麦收获期地上生物量以及开花期至乳熟期旬NDVI累积值与冬小麦单产间的关系，并进行精度验证。最终得到结果如下：

$$Y_{ab\_bio}=212.53X_1+996.38 （n=71，R^2=0.758\ 1，Sig.\ F=0.000） \qquad （5-3）$$

$$Y_{yield}=20.988X_2+448.95 （n=71，R^2=0.617\ 4，Sig.\ F=0.048） \qquad （5-4）$$

式中，X_1为返青至开花前旬NDVI累积值；X_2为开花期至乳熟期旬NDVI累积值；Y_{ab_bio}为冬小麦收获期地上生物量，g/m^2；Y_{yield}为收获期冬小麦单产，kg/hm^2。

通过利用2008年46个地面调查点冬小麦实测生物量数据和单产数据及相应旬MODIS NDVI数据对研究区上述模型进行精度验证可知，研究区上述统计关系冬小麦生物量预测平均相对误差为-3.00%，相对误差范围-11.16%~8.70%，RMSE为74.52g/m^2；冬小麦单产预测平均相对误差-0.29%，相对误差范围-11.90%~9.39%，RMSE为284.11kg/hm^2。可见，冬小麦返青—开花前旬NDVI累积值、开花期—乳熟期旬NDVI累积值与冬小麦地上生物量和冬小麦收获期籽粒产量具有较好的相关关系，这与Benedetti、Doraiswamy和池宏康等人的结论是一致的（Benedetti和Rossini，1993；Doraiswamy和Cook，1995；池宏康，1995）。

在冬小麦返青至开花前、开花期至乳熟期NDVI阶段累积值与冬小麦收获期地上生物量和籽粒产量具有稳定关系的基础上，基于作物收获指数形成机制和农学概念，采用冬小麦生长期间时序归一化植被指数与时间变量构成的特征曲线提取的主要生育期曲线峰后（开花期至乳熟期）累积值和曲线峰前（返青至开花前）累积值的比值（HI$_{NDVI\_SUM}$）来表征冬小麦收获指数。最后，利用参数HI$_{NDVI\_SUM}$与冬小麦实测收获指数间定量关系实现冬小麦收获指数空间信息的提取。

5.4 结果与分析

5.4.1 参数HI$_{NDVI\_SUM}$区域信息提取结果

根据公式（5-2）中的构建参数HI$_{NDVI\_SUM}$定义，利用2004年、2007年和2008年的各旬平滑后的MODIS-NDVI数据，计算了研究区2004年、2007年和2008年冬小麦返青—开花前NDVI累积值（$\sum NDVI_{pre}$）和开花期至乳熟期NDVI累积值（$\sum NDVI_{post}$）。在此基础上，根据公式（5-2），计算$\sum NDVI_{post}/\sum NDVI_{pre}$的比值，得到了与作物收获指数密切相关的冬小麦HI$_{NDVI\_SUM}$参数信息（图5-5）。通过统计可知，2004年冬小麦HI$_{NDVI\_SUM}$参数的最小值、最大值和平均值分别为0.16、0.66和0.40；2007年HI$_{NDVI\_SUM}$最小值、最大值和平均值分别为0.18、0.64和0.34；2008年HI$_{NDVI\_SUM}$最小值、最大值和平均值分别为0.14、0.62和0.42。

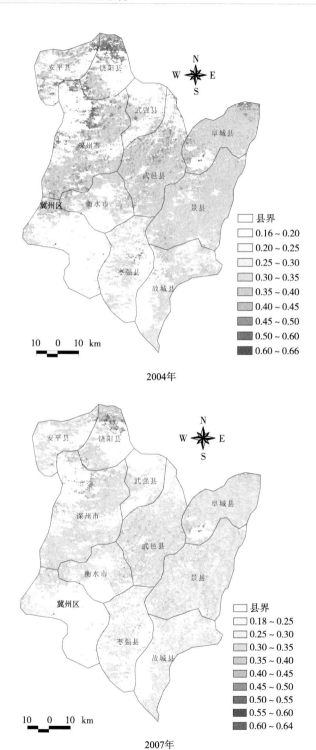

2004年

2007年

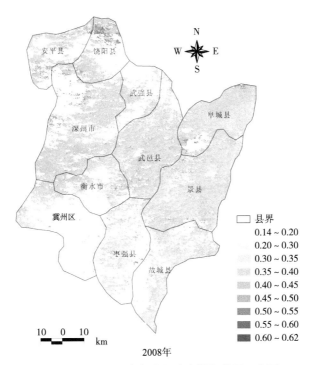

图5-5　HI_{NDVI_SUM}参数空间分布提取结果示意图

5.4.2　参数HI_{NDVI_SUM}与冬小麦收获指数关系

在提取2004年和2007年与地面调查点相对应的HI_{NDVI_SUM}参数值基础上，建立HI_{NDVI_SUM}与实测地面冬小麦收获指数的关系如下：

$$y=0.494\ 3x+0.253\ 2（n=71，R^2=0.459\ 8）\qquad（5\text{-}5）$$

式中，x为NDVI时序数据得到的相应HI_{NDVI_SUM}参数；y为预测收获指数。可以看出，所构建的HI_{NDVI_SUM}参数与冬小麦收获指数具有较好的正相关关系。同时，若当HI_{NDVI_SUM}接近最小值0时，收获指数将达到最小值0.25（图5-6）。

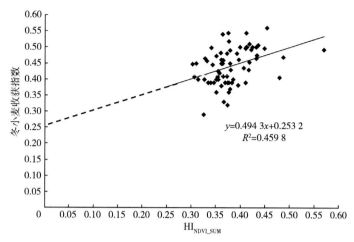

图5-6 参数HI$_{NDVI\_SUM}$与冬小麦收获指数关系

5.4.3 区域冬小麦收获指数空间信息获取

在建立HI$_{NDVI\_SUM}$参数与实测收获指数定量关系的基础上，本研究利用平滑后的2008年3月至6月上旬NDVI旬数据，提取得到2008年冬小麦HI$_{NDVI\_SUM}$参数（图5-5c）。然后，分别代入HI$_{NDVI\_SUM}$与冬小麦实测收获指数的定量关系模型公式（5-5），最终得到利用HI$_{NDVI\_SUM}$参数预测的2008年研究区冬小麦收获指数空间分布示意图（图5-7）。可以看出，研究区11个县（市）2008年冬小麦收获指数最小值为0.32，最大值为0.56，平均值为0.46，这与研究区的实际调查结果是一致的。

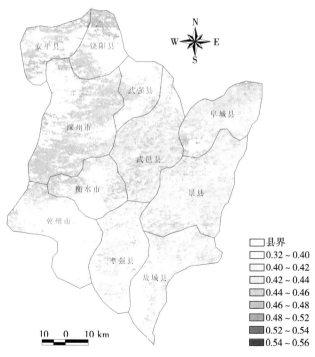

图5-7 2008年研究区冬小麦收获指数空间分布示意图

5.4.4 区域冬小麦收获指数遥感估算精度验证

从2008年预测HI结果中，提取与2008年实测点相对应的500m缓冲区内冬小麦收获指数均值，再将参数HI_{NDVI_SUM}预测的冬小麦收获指数与2008年的地面实测冬小麦收获指数进行对比（图5-8）。可以看出，参数HI_{NDVI_SUM}预测冬小麦收获指数与实测冬小麦收获指数间得到较好的相关关系。其中，参数HI_{NDVI_SUM}预测冬小麦收获指数的平均相对误差为2.40%，参数HI_{NDVI_SUM}预测冬小麦收获指数均方根误差（RMSE）为0.02。可见，参数HI_{NDVI_SUM}在区域范围内冬小麦收获指数均达到了较好的预测效果，这为以后通过遥感植被指数反演冬小麦收获指数选择最佳参数奠定了较好的基础。

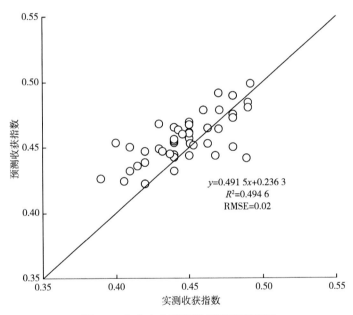

图5-8　冬小麦收获指数反演精度验证

5.5 本章小结

（1）以冬小麦为例，提出利用时序归一化植被指数（NDVI）生成的作物生殖生长关键阶段和营养生长关键阶段对应的NDVI累积值的比值（HI_{NDVI_SUM}）构建反演作物收获指数参数，通过利用HI_{NDVI_SUM}与地面实测作物收获指数的定量关系，可实现区域尺度作物收获指数的定量反演。研究表明，利用构建参数HI_{NDVI_SUM}进行区域范围冬小麦收获指数反演取得了很好的效果，证明利用构建参数HI_{NDVI_SUM}反演区域冬小麦收获指数信息方法的可行性。

（2）本研究仅以冬小麦为例，阐述和实施了如何利用遥感时序植被指数提取区域冬小麦收获指数的原理和方法，该方法若从理论角度而言，对于其他一般的农作物，特别是粮食作物（如玉米、水稻等）的收获指数遥感反演应该具有一定的普遍适用性，但不同区域、不同作物该方法的实际适用性及其收获指数反演精度仍然有待进一步评价，这将是本研究的下一个研究重点。

（3）准确获取或模拟区域尺度作物收获指数信息对于提高作物单产预测精度和粮食生产能力评估水平，提高农业资源监测准确性和管理能力具有重要意义。同时，区域空间作物收获指数信息的准确获取对加深全球气候变化对人类粮食生产影响评价具有深远意义。因此，进一步加强作物收获指数区域尺度空间信息提取方法和空间异质性研究具有重要意义。

展　望

　　本书以我国北方粮食主产区黄淮海平原河北省衡水市为研究区，以深州市为典型试验区，以冬小麦为研究作物，在野外田间观测试验、室内数据处理分析、关键技术攻关基础上，在田间冠层高光谱数据、无人机高光谱数据、不同空间分辨率多光谱卫星遥感数据及其遥感模拟数据、地面遥感同步观测数据等支持下，开展了天空地信息协同多尺度（如田间尺度、农场/小区域尺度和大范围区域尺度）作物收获指数遥感定量估算技术方法创新研究与应用。通过天空地信息协同，实现了田间冠层、小区域尺度和区域尺度的冬小麦收获指数信息多尺度动态监测。本书所开展的作物收获指数遥感估算技术方法创新研究对准确获取大范围作物收获指数空间分布信息、实现我国和全球重点地区主要农作物产量准确估算具有一定指导意义和参考价值。

6.1　主要创新点

6.1.1　构建动态收获指数（D-HI）和花后累积生物量比值动态参数（D-f_G）

　　在充分考虑作物生长过程中生物量和籽粒产量动态变化基础上，本研究丰富和发展了一般作物收获指数概念，创新提出了反映作物生长动态变化和产量形成过程的作物动态收获指数（D-HI）指标。一般作物收获指数估算方法只考虑成熟期的收获指数，而对收获指数逐步形成的过程考虑较少（Kemanian et al.，2007；Li et al.，2011），本研究充分考虑了灌浆过程中收获指数动态变化过程，并对灌浆期和成熟期收获指数进行估算，这对提高作物生长模拟精度、有效提高农业生产管理水平具有一定科学意义和实际价值。此外，已有基于遥感技术获取作物收获指数的方法大多只借助时序植被指数变化间接反映作物生长过程变化，没有直接对作物生物量变化和籽粒灌浆过程进行考虑，本研究将Kemanian等（2007）提出的成熟期f_G参数发展为花后累积地上生物量与对应时期地上生物量间比值动态参数D-f_G，这在一定程度上充分考虑了作物动态生长信息，从而使作物收获指数估算模型具有更高的精度和稳定性。

6.1.2 提出基于遥感技术获取f_G参数信息的技术方法

本研究提出了基于高光谱敏感波段筛选的D-f_G参数高精度获取技术方法，即通过对地面冠层高光谱任意两波段构建的NDSI和D-f_G参数相关分析基础上，利用R^2极大值区域重心法对D-f_G遥感估算敏感波段进行筛选，最终实现了基于敏感波段中心构建NDSI的D-f_G参数遥感估算；此外，本研究在确定D-f_G估算敏感波段中心基础上，进一步通过波段扩展，确定了当NRMSE、MRE的最大允许误差为15%时所对应的敏感波段最大波宽，最终实现了最大波段宽度的D-f_G估算。这对区域范围f_G参数获取提供了新的思路和技术方法，也为基于遥感卫星的大范围D-f_G参数空间信息获取奠定了技术基础。

6.1.3 提出基于D-f_G遥感估算的多尺度作物动态收获指数空间信息获取方法

目前，利用成熟期f_G参数估算作物收获指数只能依靠地面实测数据在田间尺度下开展，但该方法未能实现收获指数估算的升尺度应用，针对这一现状，本研究在将f_G参数发展为动态D-f_G基础上，提出了基于D-f_G遥感估算的作物动态收获指数空间信息获取方法，实现了基于动态f_G参数遥感获取的田间冠层尺度、农场尺度（或小区域尺度）和区域尺度动态收获指数遥感高精度估测。本研究提出的方法一定程度上解决了Kemanian等（2007）提出的基于f_G参数作物收获指数估算方法未能利用遥感信息进行升尺度应用的难题，也为基于卫星遥感（如窄波段高光谱遥感和宽波段多光谱遥感）的大范围收获指数空间信息获取奠定了技术基础，对遥感数据源选择、波段优选、光谱指数构建和卫星波段设置提供一定理论依据。

6.1.4 提出花后生殖生长阶段和花前营养生长阶段NDVI累积值比值的HI估算方法

本研究提出利用时序NDVI生成的作物生殖生长关键阶段和营养生长关键阶段NDVI累积值比值（HI_{NDVI_SUM}）构建反演作物收获指数参数，通过利用HI_{NDVI_SUM}与地面实测作物收获指数的定量关系，可实现作物收获指数定量遥感反演。研究表明，利用该方法获取区域范围冬小麦收获指数空间分布信息取得了较好的效果，证明该方法获取区域冬小麦收获指数信息方法的可行性。同时，该方法对于一般禾本科作物具有一定的适用性，可用于不同粮食作物（如玉米、水稻等）的收获指数遥感反演。

6.2　讨论与展望

6.2.1　本研究提出的HI遥感估算方法部分技术细节有待深入研究

在敏感波段中心的筛选过程中，拟合精度通过线性模型得出，下一步可讨论非线性模型在敏感波段选择中的应用潜力；在最大敏感波段宽度的阈值确定时，本研究选择了D-f_G估算最大精度误差15%时所对应的最大波段宽度即为敏感波段最大波段宽度，但关于此阈值设置的合理性还有待进一步研究；本研究仅考虑了使用任意两波段组合的归一化差值光谱指数（NDSI）开展相关研究，其他形式的光谱指数如差值光谱指数（DSI）、比值光谱指数（RSI）等是否有利于D-f_G遥感估算精度的提高，还有待深入研究；利用冠层高光谱和无人机高光谱进行作物D-HI估算中，未对造成作物光谱差异的影响因素进行研究，下一步可开展作物含水量、作物品种、冠层结构等影响因子对敏感波段中心筛选和估算精度的影响。此外，本研究中在衡水研究区中作物收获指数遥感估算取得了较高的估算精度结果，在其他地区本研究方法的适用性及其精度验证有待进一步开展。

6.2.2　作物收获指数遥感估算过程存在一定不确定性因素影响

首先，在最大波段宽度筛选结果指导宽波段多光谱遥感数据应用中，筛选出的敏感波段最大波宽所对应的波段范围与遥感数据的波段不能完全对应，这在一定程度上影响了最大波段宽度的实际效果；其次，多光谱遥感数据构建的光谱指数与敏感波段构建的光谱指数在数量以及位置上难以一一对应，这使得部分光谱指数组合形式在作物收获指数估算过程中无法进一步应用；再次，由于Sentinel-2A、Landsat-8、GF-1遥感数据的过境时间不同，并且与地面实际采样时间存在一定的时间差，这对作物收获指数估算中评价不同数据源遥感数据的估算精度产生了不确定性影响。另外，对本研究结果造成不确定性的其他影响因素也需要进一步深入研究，如遥感数据的成像角度和成像天气条件对反射率的影响、遥感数据分辨率、遥感数据处理方法等因素对作物收获指数估算的影响等。

6.2.3　本研究提出的收获指数遥感估算方法的应用前景

从应用前景看，本研究提出的作物动态收获指数空间信息获取方法、花后生殖生长阶段和花前营养生长阶段NDVI累积值比值的成熟期收获指数估算方法均具有较好的应用前景。其中，基于D-f_G遥感估算的作物动态收获指数空间信息获取方法，不仅可以实现成熟期的收获指数准确估算，而且可以实现灌浆阶段不同时期作物收获指数动态变化空间信息，上述技术方法对提高精准农业农田作物管理能力具有重要应用前景，对开展作物单产准确模拟与估算、农作物生物量定量估算、作物品种选育、作物生长环境评价、作物栽培技术优化与效果评价、农业对气候变化的响应等研究和应用也具有重要意义。此外，作物收获指数信息准确获取对智能化育种技术的研发应用、提高大范围粮食作物单产、助力实现农业绿色发展、应对气候变化、保障全球粮食安全等也具有重要科学意义和实用价值。同时，本研究提出的方法只针对冬小麦开展了收获指数研究，若从理论角度分析，对于其他粮食作物（如水稻、玉米等）收获指数遥感估算也具有重要的参考价值。此外，本研究目前仅进行了区域范围收获指数遥感估算研究，如何在考虑物候信息的基础上将本研究提出的方法应用到更大范围的作物收获指数估算中也是今后的重要研究内容。

6.2.4　作物收获指数遥感估算技术的发展趋势

国内外基于遥感技术的作物收获指数定量估算研究近些年取得了一系列成果，但整体研究方法仍需改进，精度仍有待进一步提高。主要发展趋势如下：

（1）除开展田间尺度、冠层尺度作物收获指数遥感估算外，大范围作物收获指数高精度提取研究需要进一步加强。

（2）从研究方法看，需要开展多种收获指数估算模型研发和应用（杜鑫等，2010）。目前，已有大多数收获指数遥感估算方法都利用遥感信息构建作物生长季内时序作物植被遥感参数（如NDVI、叶面积指数、NPP等），在此基础上，基于作物生长过程开展作物收获指数遥感估算。但目前考虑作物生长环境因素（如温度、水分、光照、土壤养分等）对作物收获指数的影响较少，特别是高温、水分、养分等胁迫对作物收获指数的影响。随着遥感技术的发展，基于遥感获取环境影响因子（如温度、太阳辐射、农田蒸散发、土壤含水量、土壤养分等）的作物收获指数估算也需要进一步加强。此外，目前基于作物冠层结构参数进行作物收获指数估算的研究显得不足。基于遥感（如微波雷达、激光雷达）数据获取植被冠层结构信息的作物收获指数估算需要进一步加强。

（3）新遥感数据源的涌现必将促进收获指数估算新模型的发展。随着多光谱、高光谱、雷达等多种新传感器的发射，遥感数据越来越丰富，遥感数据质量也越来越高。其中，随着遥感数据时空谱分辨率不断提高，需要发展与新遥感数据相适应的收获指数遥感估算模型，从而进一步提高收获指数遥感估算精度。特别是随着国产高分系列卫星系统的不断完善（施建成等，2021；赵坚等，2022），必将促进作物收获指数遥感定量估算技术的发展和精度提高。此外，随着无人机遥感技术应用的不断发展（刘建刚等，2016；刘忠等，2018；孙刚等，2018；廖小罕等，2019；张继贤等，2021；陈建福等，2022；杨贵军等，2024），将无人机遥感和卫星遥感进行结合，必将在大范围作物收获指数遥感估算中发挥更大作用（Ren et al.，2022）。

（4）基于作物机理模型、机器/深度学习等新模型、新算法的作物收获指数估算技术研发和应用必将得到进一步加强（Ji et al.，2024）。随着作物生长模拟技术的发展（徐苏，2023），将作物机理模型应用于大范围作物收获指数的定量模拟必将成为未来发展趋势。同时，随着遥感技术、空间信息技术、物联网、大数据、云计算、人工智能、计算机科学、数学和自动化等相关技术的共同发展，机器/深度学习等人工智能方法（如随机森林法、支持向量机、偏最小二乘回归法、卷积神经网络、循环神经网络、长短期记忆网络和门控循环单元网络等）在农业定量遥感、数智化农情遥感监测和智慧农业中得到了深入的应用（吴炳方等，2016；唐华俊，2018；任建强等，2021；王鹏新等，2022；杨倩倩等，2022；赵金龙等，2023；郑倩等，2023；汪静平等，2023）。其中，人工智能等新型通用技术是新质生产力的重要引擎之一，通过赋能农业形成农业新质生产力的重要组成部分，这必将促进机器/深度学习等人工智能技术在作物收获指数遥感估算中的深化研发和应用。

　　总之，在全球粮食安全与可持续发展问题日益突出的大背景下，我国粮食安全问题受到前所未有的重视。近些年来，每年的中央一号文件均对我国粮食安全问题做出重要的指示，特别是"十三五"时期，我国现代农业建设取得一系列重大进展，乡村振兴实现良好开局，"十四五"时期，我国乘势而上开启全面建设社会主义现代化国家新征程并向第二个百年奋斗目标进军，国家在解决"三农"问题、全面推进乡村振兴、农业农村现代化建设和农业强国建设等方面进行了一系列重大政策制定和战略部署。其中，2024年"中央一号"文件明确强调要抓好粮食和重要农产品生产，扎实推进新一轮千亿斤粮食产能提升行动，稳定粮食播种面积，把粮食增产的重心放到大面积提高单产上，确保粮食产量保持在1.3万亿斤以上。因此，及时准确地掌握我国和全球重点地区粮食作物农情长势和产量信息，对于我国科学制定国内农业政策、有效指导农业生产、合理利用国内国外两种资源和两个市场、提高国家粮食安全水平等均具有重要意义。作物收获指数空间分布信息准确获取对提高大范围农作物单产遥感估算精度、智能化选育作物新品种和提高粮食作物单产、明确作物单产提高的关键途径、有力实施我国粮食单产提升工程、推进新一轮千亿斤粮食产能提升行动、助力实现国家粮食安全与农业双碳目标的双赢、实现全球粮食安全遥感监测与预警等均具有重要科学意义和实用价值，作物收获指数遥感定量估算必将受到国内外同行越来越多的重视。

　　本书作者长期从事农业遥感基础研究与应用研究，在全球主要农作物长势监测与遥感估产、作物/土壤关键参数遥感定量反演、作物潜在/现实产量空间分布制图、作物面积空间分布制图等方面做了较为系统的研究。其中，作物收获指数作为全球农情监测和作物产量估测中的重要参数和信息，作者对该参数进行了系列研究，但其中的工作有深有浅。随着农业空间信息技术的发展以及新质生产力引领的现代农业高质量发展，本书部分技术细节需要进一步完善和提高，才能满足大数据时代下空天地数智化农情监测和数智农业对农作物关键参数信息获取的更高要求，期望本书能为农业遥感、数字农业、智慧农业等研究领域的科研人员和处于学习阶段的研究生提供一些有益的参考。

参考文献

晁漫宁，史新月，张健龙，等，2020.灌浆期持续干旱对小麦光合、抗氧化酶活性、籽粒产量和品质的影响[J].麦类作物学报，40（4）：494-502.

陈安旭，李月臣，2020.基于Sentinel-2影像的西南山区不同生长期水稻识别[J].农业工程学报，36（7）：192-199.

陈帼，徐新刚，杜晓初，等，2019.基于PLS和组合预测方法的冬小麦收获指数高光谱估测[J].中国农业信息，31（2）：28-38.

陈建福，赵亮，岳云开，等，2022.无人机多光谱遥感在作物生长监测中的应用研究进展[J].作物研究，36（4）：391-395.

陈罗烨，薛领，雪燕，2016.中国农业净碳汇时空演化特征分析[J].自然资源学报，31（4）：596-607.

陈晓凯，李粉玲，王玉娜，等，2020.无人机高光谱遥感估算冬小麦叶面积指数[J].农业工程学报，36（22）：40-49.

陈秀青，杨琦，韩景晔，等，2020.基于叶冠尺度高光谱的冬小麦叶片含水量估算[J].光谱学与光谱分析，40（3）：891-897.

陈仲新，郝鹏宇，刘佳，等，2019.农业遥感卫星发展现状及我国监测需求分析[J].智慧农业，1（1）：32-42.

陈仲新，任建强，唐华俊，等，2016.农业遥感研究应用进展与展望[J].遥感学报，20（5）：748-767.

池宏康，1995.冬小麦单产的光谱数据估测模型研究[J].植物生态学报，19（4）：337-344.

初庆伟，张洪群，吴业炜，等，2013.Landsat-8卫星数据应用探讨[J].遥感信息，28（4）：110-114.

代立芹，吴炳方，李强子，等，2006.作物单产预测方法研究进展[J].农业网络信息，（4）：24-27.

杜思澄，2023. 黑土稻作收获指数及其影响因素对不同水氮管理模式的响应[D]. 哈尔滨：东北农业大学.

杜鑫，2010. 像元尺度的冬小麦单产估算方法研究[D]. 北京：中国科学院大学.

杜鑫，吴炳方，蒙继华，等，2010. 基于遥感技术监测作物收获指数（HI）的可行性分析[J]. 中国农业气象，31（3）：453-457.

樊湘鹏，周建平，许燕，2021. 无人机低空遥感监测农情信息研究进展[J]. 新疆大学学报（自然科学版）（中英文），38（5）：623-631.

范平，张娟，李新平，等，2000. 不同小麦品种（系）茎秆组织结构与产量潜力关系研究[J]. 河南农业大学学报，34（3）：216-219.

冯琳，陈圣波，韩冰冰，2020. 基于多时相高分一号影像的玉米涝灾监测[J]. 科学技术与工程，20（10）：3868-3873.

高林，杨贵军，于海洋，等，2016. 基于无人机高光谱遥感的冬小麦叶面积指数反演[J]. 农业工程学报，32（22）：113-120.

贯君，张少鹏，任月，等，2024. 中国农业净碳汇时空分异与影响因素演进分析[J]. 中国环境科学，44（2）：1158-1170.

韩冰，王效科，逯非，等，2008. 中国农田土壤生态系统固碳现状和潜力[J]. 生态学报，28（2）：612-619.

何秀英，陈钊明，廖耀平，等，2006. 水稻收获指数遗传及其与主要农艺性状的相关研究[J]. 作物学报，32（6）：911-916.

何阳，杨进，马勇，等，2016. 基于Landsat-8陆地卫星数据的火点检测方法[J]. 红外与毫米波学报，35（5）：600-608，624.

黄萌田，周佰铨，翟盘茂，2020. 极端天气气候事件变化对荒漠化、土地退化和粮食安全的影响[J]. 气候变化研究进展，16（1）：17-27.

黄婷，梁亮，耿笛，等，2020. 波段宽度对利用植被指数估算小麦LAI的影响[J]. 农业工程学报，36（4）：168-177.

姬兴杰，于永强，张稳，等，2010. 基于气象资料的中国冬小麦收获指数模型[J]. 中国农业科学，43（20）：4158-4168.

纪景纯，赵原，邹晓娟，等，2019. 无人机遥感在农田信息监测中的应用进展[J]. 土壤学报，56（4）：773-784.

江东，王乃斌，杨小唤，等，2002. NDVI曲线与农作物长势的时序互动规律[J].

生态学报，22（2）：247-252.

姜志伟，陈仲新，任建强，等，2012.粒子滤波同化方法在CERES-Wheat作物模型估产中的应用[J].农业工程学报，28（14）：138-146.

蒋磊，蔡甲冰，张宝忠，等，2021.基于地面观测和Sentinel-2数据的玉米实际蒸散发估算[J].农业机械学报，52（3）：296-304.

阚志毅，胡慧娟，刘吉凯，等，2020.结合Landsat-8和GF-1数据的冬小麦种植空间分布提取[J].中国农业资源与区划，41（2）：226-234.

孔钰如，王李娟，冯海宽，等，2022.无人机高光谱波段选择的叶面积指数反演[J].光谱学与光谱分析，42（03）：933-939.

兰玉彬，邓小玲，曾国亮，2019.无人机农业遥感在农作物病虫草害诊断应用研究进展[J].智慧农业，1（2）：1-19.

李波，王春妤，张俊飚，2019.中国农业净碳汇效率动态演进与空间溢出效应[J].中国人口·资源与环境，29（12）：68-76.

李德仁，李明，2014.无人机遥感系统的研究进展与应用前景[J].武汉大学学报（信息科学版），39（5）：505-513，540.

李方杰，2021.基于NDVI时序相似性阈值优化的区域冬小麦分布制图方法研究[D].北京：中国农业科学院.

李粉玲，王力，刘京，等，2015.基于高分一号卫星数据的冬小麦叶片SPAD值遥感估算[J].农业机械学报，46（9）：273-281.

李贺丽，2011.冬小麦光能利用效率和收获指数的变异性及定量评估研究[D].北京：中国科学院大学.

李贺丽，罗毅，2009.作物光能利用效率和收获指数时空变化研究进展[J].应用生态学报，20（12）：3093-3100.

李红军，何雄奎，宋坚利，等，2021.基于文献计量的全球农用无人机研发应用比较[J].中国农业大学学报，26（9）：154-167.

李旭文，侍昊，张悦，等，2018.基于欧洲航天局"哨兵-2A"卫星的太湖蓝藻遥感监测[J].中国环境监测，34（4）：169-176.

李颖，葛颜祥，刘爱华，等，2014.基于粮食作物碳汇功能的农业生态补偿机制研究[J].农业经济问题，35（10）：33-40.

李跃建，宋荷仙，朱华忠，1998.小麦收获指数、生物产量和籽粒产量的稳定性分析[J].西南农业学报，11（1）：25-30.

李跃建，朱华忠，伍玲，等，2003. 不同小麦品种剑叶的光合速率、影响因素及其与穗重关系的研究[J]. 四川大学学报（自然科学版），40（3）：578-581.

李震，李山山，葛小青，2023. 迁移学习方法提取高分一号影像汶川地震震后滑坡[J]. 遥感学报，27（8）：1866-1875.

李志婷，王昌昆，潘贤章，等，2016. 基于模拟Landsat-8 OLI数据的小麦秸秆覆盖度估算[J]. 农业工程学报，32（Supp. 1）：145-152.

梁晰雯，赵颖慧，甄贞，等，2017. 基于旋转森林的Landsat-8影像森林植被分类[J]. 东北林业大学学报，45（8）：39-48.

廖小罕，肖青，张颢，2019. 无人机遥感：大众化与拓展应用发展趋势[J]. 遥感学报，23（6）：1046-1052.

廖瑶，李雪，刘芸，等，2021. 基于植被指数的高分一号遥感影像火烧迹地提取评价[J]. 自然灾害学报，30（5）：199-206.

廖耀平，陈钊明，何秀英，等，2001. 高收获指数型水稻品种粤香占库、源、流特性的研究[J]. 中国水稻科学，15（1）：73-76.

刘斌，2016. 基于敏感波段筛选的多源遥感数据作物生物量估算研究[D]. 北京：中国农业科学院.

刘斌，任建强，陈仲新，等，2016. 冬小麦鲜生物量估算敏感波段中心及波宽优选[J]. 农业工程学报，32（16）：125-134.

刘昌华，马文玉，陈志超，等，2018. 基于无人机遥感的冬小麦氮素营养诊断[J]. 河南理工大学学报（自然科学版），37（3）：45-53.

刘建刚，赵春江，杨贵军，等，2016. 无人机遥感解析田间作物表型信息研究进展[J]. 农业工程学报，32（24）：98-106.

刘剑锋，方鹏，陈琳，等，2022. 基于MODIS NDVI的冬小麦收获指数遥感提取[J]. 江苏农业科学，50（13）：219-225.

刘立涛，刘晓洁，伦飞，等，2018. 全球气候变化下的中国粮食安全问题研究[J]. 自然资源学报，33（6）：927-939.

刘鹏，2019. 基于高光谱技术的植物分类及状态监测方法研究[D]. 杭州：杭州电子科技大学.

刘树超，覃先林，李晓彤，等，2019. 高分一号02/03/04星在森林火灾监测中的应用[J]. 卫星应用，（1）：50-53.

刘爽，于海业，张郡赫，等，2021. 基于最优光谱指数的大豆叶片叶绿素含量反演模型研究[J]. 光谱学与光谱分析，41（6）：1912-1919.

刘正春，徐占军，毕如田，等，2021. 基于4DVAR和EnKF的遥感信息与作物模型冬小麦估产[J]. 农业机械学报，52（6）：223-231.

刘忠，万炜，黄晋宇，等，2018. 基于无人机遥感的农作物长势关键参数反演研究进展[J]. 农业工程学报，34（24）：60-71.

卢坤，申鸽子，梁颖，等，2017. 适合不同产量的环境下油菜高收获指数的产量构成因素分析[J]. 作物学报，43（1）：82-96.

罗怀良，2022. 国内农业碳源/汇效应研究：视角、进展与改进[J]. 生态学报，42（9）：3832-3841.

罗桓，李卫国，景元书，等，2019. 基于SVM的县域冬小麦种植面积遥感提取[J]. 麦类作物学报，39（4）：455-462.

罗建松，赵妮妮，李姝蕊，2020. 基于Landsat-8数据的快速变化检测研究[J]. 测绘与空间地理信息，43（12）：116-118，121.

马子钰，马文林，2023. 秸秆还田对中国农田土壤固碳效应影响的研究[J]. 土壤，55（1）：205-210.

毛智慧，邓磊，孙杰，等，2018. 无人机多光谱遥感在玉米冠层叶绿素预测中的应用研究[J]. 光谱学与光谱分析，38（9）：2923-2931.

潘朝阳，2023. 基于无人机遥感的水稻农艺性状估测及高收获指数植株模型构建[D]. 湖北：华中农业大学.

潘根兴，赵其国，2005. 我国农田土壤碳库演变研究：全球变化和国家粮食安全[J]. 地球科学进展，20（4）：384-393.

潘晓华，邓强辉，2007. 作物收获指数的研究进展[J]. 江西农业大学学报，29（1）：1-5.

裴浩杰，冯海宽，李长春，等，2017. 基于综合指标的冬小麦长势无人机遥感监测[J]. 农业工程学报，33（20）：74-82.

任建强，陈仲新，唐华俊，等，2006. 基于植物净初级生产力模型的区域冬小麦估产研究[J]. 农业工程学报，22（5）：111-117.

任建强，陈仲新，周清波，等，2010. 基于时序归一化植被指数的冬小麦收获指数空间信息提取[J]. 农业工程学报，26（8）：160-167.

任建强，刘杏认，吴尚蓉，等，2021. 冬小麦地上生物量遥感估算研究[M]. 北京：中国农业科学技术出版社.

任建强，吴尚蓉，刘斌，等，2018. 基于Hyperion高光谱影像的冬小麦地上干生物量反演[J]. 农业机械学报，49（4）：199-211.

任泽茜，丁丽霞，刘丽娟，等，2020. 利用无人机遥感监测农作物种植面积[J]. 测绘通报，（7）：76-81.

单捷，孙玲，于堃，等，2017. 基于不同时相高分一号卫星影像的水稻种植面积监测研究[J]. 江苏农业科学，45（22）：229-232.

佘玮，黄璜，官春云，等，2016a. 我国典型农作区作物生产碳汇功能研究[J]. 中国工程科学，18（1）：106-113.

佘玮，黄璜，官春云，等，2016b. 我国主要农作物生产碳汇结构现状与优化途径[J]. 中国工程科学，18（1）：114-122.

沈玉芳，李世清，邵明安，2007. 水肥空间组合对冬小麦生物学性状及生物量的影响[J]. 中国农业科学，40（8）：1822-1829.

施建成，郭华东，董晓龙，等，2021. 中国空间地球科学发展现状及未来策略[J]. 空间科学学报，41（1）：95-117.

史晓亮，杨志勇，王馨爽，等，2017. 基于光能利用率模型的松嫩平原玉米单产估算[J]. 水土保持研究，24（5）：385-390.

宋荷仙，李跃建，冯君成，等，1993. 小麦收获指数和源、库性状的遗传研究[J]. 中国农业科学，26（3）：21-26.

宋勇，陈兵，王琼，等，2021. 无人机遥感监测作物病虫害研究进展[J]. 棉花学报，33（3）：291-306.

苏伟，王伟，刘哲，等，2020. 无人机影像反演玉米冠层LAI和叶绿素含量的参数确定[J]. 农业工程学报，36（19）：58-65.

孙刚，黄文江，陈鹏飞，等，2018. 轻小型无人机多光谱遥感技术应用进展[J]. 农业机械学报，49（3）：1-17.

孙桂芬，覃先林，尹凌宇，等，2018. 基于时序高分一号宽幅影像火后植被光谱及指数变化分析[J]. 光谱学与光谱分析，38（2）：511-517.

孙佩军，张锦水，潘耀忠，等，2016. 基于无人机样方事后分层的作物面积估算[J]. 中国农业资源与区划，37（2）：1-10.

谭昌伟，罗明，杨昕，等，2015. 运用PLS算法由HJ-1A/1B遥感影像估测区域冬小麦理论产量[J]. 中国农业科学，48（20）：4033-4041.

唐华俊，2018. 农业遥感研究进展与展望[J]. 农学学报，8（1）：175-179.

陶欢，李存军，周静平，等，2018. 基于高分一号影像的森林植被信息提取[J]. 自然资源学报，33（6）：1068-1079.

陶惠林，徐良骥，冯海宽，等，2020. 基于无人机高光谱长势指标的冬小麦长势监测[J]. 农业机械学报，51（2）：180-191.

田甜，王迪，曾妍，等，2020. 无人机遥感的农作物精细分类研究进展[J]. 中国农业信息，32（2）：1-12.

汪静平，吴小丹，马杜娟，等. 基于机器学习的遥感反演：不确定性因素分析[J]. 遥感学报，2023，27（3）：790-801.

王德军，姜琦刚，李远华，等，2020. 基于Sentinel-2A/B时序数据与随机森林算法的农耕区土地利用分类[J]. 国土资源遥感，32（4）：236-243.

王福民，黄敬峰，唐延林，等，2007. 采用不同光谱波段宽度的归一化植被指数估算水稻叶面积指数[J]. 应用生态学报，18（11）：2444-2450.

王福民，黄敬峰，王秀珍，等，2008. 波段位置和宽度对不同生育期水稻NDVI影响研究[J]. 遥感学报，12（4）：626-632.

王汇涵，张泽，康孝岩，等，2022. 基于Sentinel-2A的棉花种植面积提取及产量预测[J]. 农业工程学报，38（9）：205-214.

王利军，郭燕，贺佳，等，2018. 基于决策树和SVM的Sentinel-2A影像作物提取方法[J]. 农业机械学报，49（9）：146-153.

王莉，刘莹莹，张亚慧，等，2022. 河南省农田生态系统碳源/汇时空分布及影响因素分解［J］. 环境科学学报，42（12）：410-422.

王梁，赵杰，陈守越，2016. 山东省农田生态系统碳源、碳汇及其碳足迹变化分析[J]. 中国农业大学学报，21（7）：133-141.

王培娟，谢东辉，张佳华，等，2009. BEPS模型在华北平原冬小麦估产中的应用[J]. 农业工程学报，25（10）：148-153.

王鹏新，胡亚京，李俐，等，2021. 基于双参数和粒子滤波同化算法的夏玉米单产估测[J]. 农业机械学报，52（3）：168-177.

王鹏新，田惠仁，张悦，等，2022. 基于深度学习的作物长势监测和产量估测研究进展[J]. 农业机械学报，53（2）：1-14.

王胜兰，2008. 基于5种气候生产力模型的乌鲁木齐地区NPP计算分析[J]. 沙漠与绿洲气象，2（4）：40-44.

王翔宇，杨菡，李鑫星，等，2021. 基于无人机可见光谱遥感的玉米长势监测[J]. 光谱学与光谱分析，41（1）：265-270.

王晓英，贺明荣，2013. 追氮时期和基追比例对强筋小麦产量和品质的调控效应[J]. 麦类作物学报，33（4）：711-715.

王亚梅，2021. 基于高分一号的黄淮海平原主要粮食作物遥感提取[D]. 南京：南京大学.

王轶虹，史学正，王美艳，等，2016a. 2001—2010年中国农作物可还田量的时空演变[J]. 土壤，48（6）：1188-1195.

王轶虹，王美艳，史学正，等，2016b. 2010年中国农作物净初级生产力及其空间分布格局[J]. 生态学报，36（19）：6318-6327.

王玉龙，2020. 基于改进CASA模型的区域冬小麦产量遥感估测研究[D]. 合肥：安徽大学.

王玉娜，李粉玲，王伟东，等，2020. 基于无人机高光谱的冬小麦氮素营养监测[J]. 农业工程学报，36（22）：31-39.

王振武，孙佳骏，于忠义，等，2016. 基于支持向量机的遥感图像分类研究综述[J]. 计算机科学，43（9）：11-17.

吴炳方，张淼，曾红伟，等，2016. 大数据时代的农情监测与预警[J]. 遥感学报，20（5）：1027-1037.

吴杰，董小涛，张珂，等，2023. 基于高分一号卫星数据的库区淹没频率分析方法[J]. 河海大学学报（自然科学版），51（5）：9-14，64.

吴锦，余福水，陈仲新，等，2009. 基于EFAST的EPIC模型冬小麦生长模拟参数敏感性分析[J]. 农业工程学报，25（7）：136-142.

吴静，吕玉娜，李纯斌，等，2019. 基于多时相Sentinel-2A的县域农作物分类[J]. 农业机械学报，50（9）：194-200.

谢成俊，王平，李卫民，等，2015. 小麦收获指数与主要农艺性状的相关性分析[J]. 中国农学通报，31（3）：88-93.

谢光辉，韩东倩，王晓玉，等，2011. 中国禾谷类大田作物收获指数和秸秆系数[J]. 中国农业大学学报，16（1）：1-8.

谢志梅，张少红，肖应辉，等，2015. 水稻收获指数分子遗传研究进展[J]. 广东农业科学，（15）：1-6.

徐苏，2023. 作物生长模型的研究进展[J]. 安徽农学通报，29（4）：26-32.

徐新刚，吴炳方，蒙继华，等，2008. 农作物单产遥感估算模型研究进展[J]. 农业工程学报，24（2）：290-298.

徐云飞，2022. 基于无人机多光谱遥感的冬小麦参数反演及综合长势监测[D]. 淮南：安徽理工大学.

许童羽，白驹驰，郭忠辉，等，2023. 基于无人机高光谱遥感的水稻氮营养诊断方法[J]. 农业机械学报，54（2）：189-197，222.

闫丰，王洋，杜哲，等，2018. 基于IPCC排放因子法估算碳足迹的京津冀生态补偿量化[J]. 农业工程学报，34（4）：15-20.

晏磊，廖小罕，周成虎，等，2019. 中国无人机遥感技术突破与产业发展综述[J]. 地球信息科学学报，21（4）：475-495.

杨贵军，杨小冬，徐波，等，2024. 农业无人机遥感与应用[M]. 北京：科学出版社.

杨国峰，何勇，冯旭萍，等，2022. 无人机遥感监测作物病虫害胁迫方法与最新研究进展[J]. 智慧农业（中英文），4（1）：1-16.

杨丽萍，侯成磊，赵美玲，等，2021. 基于Landsat-8影像的干旱区土壤水分含量反演研究[J]. 土壤通报，52（1）：47-54.

杨倩倩，靳才溢，李同文，等，2022. 数据驱动的定量遥感研究进展与挑战[J]. 遥感学报，26（2）：268-285.

杨闫君，占玉林，田庆久，等，2015. 基于GF-1/WFV NDVI时间序列数据的作物分类[J]. 农业工程学报，31（24）：155-161.

杨豫龙，赵霞，王帅丽，等，2022. 黄淮海中南部玉米氮高效品种筛选及产量性状分析[J]. 玉米科学，30（1）：23-32.

杨振兴，文哲，张贵，等，2020. 基于Sentinel-2A数据的森林覆盖变化研究[J]. 中南林业科技大学学报，40（8）：53-62.

苑明睿，杨峰山，蔡柏岩，等，2023. 农业土壤碳汇研究进展[J]. 中国农学通报，39（8）：37-42.

张博，高甜甜，程宏波，等，2020. 覆盖对旱地冬小麦植株和旗叶水分含量及产量的影响[J]. 作物杂志，（2）：97-104.

张方敏，居为民，陈镜明，等，2012. 基于遥感和过程模型的亚洲东部陆地生态系统初级生产力分布特征[J]. 应用生态学报，23（2）：307-318.

张峰，吴炳方，罗治敏，2004. 美国冬小麦产量遥感预测方法[J]. 遥感学报，8（6）：611-617.

张福春，朱志辉，1990. 中国作物的收获指数[J]. 中国农业科学，23（2）：83-87.

张继贤，刘飞，王坚，2021. 轻小型无人机测绘遥感系统研究进展[J]. 遥感学报，25（3）：708-724.

张剑，罗贵生，王小国，等，2009. 长江上游地区农作物碳储量估算及固碳潜力分析[J]. 西南农业学报，22（2）：402-408.

张伟东，王伟，李宁，等，2022. 基于无人机影像的农作物种植面积提取研究[J]. 测绘与空间地理信息，45（4）：60-61.

张卫建，严圣吉，张俊，等，2021. 国家粮食安全与农业双碳目标的双赢策略[J]. 中国农业科学，54（18）：3892-3902.

张笑培，周新国，王和洲，等，2021. 拔节期水氮处理对冬小麦植株生长及氮肥吸收利用的影响[J]. 灌溉排水学报，40（10）：64-70.

张召星，李静，柳钦火，等，2023. 高分一号卫星高时空分辨率植被指数产品验证与分析[J]. 遥感学报，27（3）：665-676.

张作为，史海滨，李祯，等，2016. 不同生育时期非充分灌溉对间作作物产量构成因子及收获指数的影响[J]. 干旱地区农业研究，34（4）：31-37.

赵坚，孟令杰，王琦，等，2022. 我国高分辨率对地观测系统建设与发展[J]. 卫星应用，（11）：8-13.

赵金龙，张学艺，李阳，2023. 机器学习算法在高光谱感知作物信息中的应用及展望[J]. 中国农业气象，44（11）：1057-1071.

赵静，李静，穆西晗，等，2023. 高分一号卫星中国植被覆盖度高时空分辨率产品验证与分析[J]. 遥感学报，27（3）：689-699.

赵立成，2022. 基于无人机和卫星遥感多源数据的作物生长监测研究[D]. 北京：中国农业科学院.

赵士肄，闫金凤，杜佳雪，2023. 基于面向对象结合随机森林模型的Sentinel-2A影像耕地信息提取[J]. 河南理工大学学报（自然科学版），42（2）：55-61.

赵英时，2003. 遥感应用分析原理与方法[M]. 北京：科学出版社.

赵永存，徐胜祥，王美艳，等，2018. 中国农田土壤固碳潜力与速率：认识、挑战与研究建议[J]. 中国科学院院刊，33（2）：191-197.

郑成岩，邓艾兴，LATIFMANESH H，等，2017. 增温对青藏高原冬小麦干物质积累转运及氮吸收利用的影响[J]. 植物生态学报，41（10）：1060-1068.

郑倩，李鹏云，周迪，2023. 基于文献计量学的智慧农业研究现状及趋势分析[J]. 华中农业大学学报，42（3）：29-38.

郑亚卿，杨张海，高凯旋，等，2021. 基于多时相Landsat-8的森林生态系统树种精细分类[J]. 测绘与空间地理信息，44（6）：158-161.

钟蕾，2012. 不同收获指数型水稻品种产量构成整齐性及生育后期光合特性的差异性分析[J]. 江西农业大学学报，34（4）：627-634.

周磊，李刚，贾德伟，等，2017. 基于光能利用率模型的河南省冬小麦单产估算研究[J]. 中国农业资源与区划，38（6）：108-115.

朱大威，金之庆，石春林，2010. 东北平原农作物生产力及固碳能力模拟[J]. 江苏农业学报，26（6）：1222-1226.

朱文泉，潘耀忠，张锦水，2007. 中国陆地植被净初级生产力遥感估算[J]. 植物生态学报，31（3）：413-424.

左红娟，曹辉，石彦召，等，2015. 华北平原主要农作物的碳效率及固碳价值[J]. 贵州农业科学，43（12）：190-193.

BASTIAANSSEN W G M，ALI S，2003. A new crop yield forecasting model based on satellite measurements applied across the Indus Basin, Pakistan [J]. Agriculture, Ecosystems and Environment，94（3）：321-340.

BENEDETTI R，ROSSINI P，1993. On the use of NDVI profile as a tool for agricultural statistics：The case study of wheat yield estimate and forecast in Emilia Romagna [J]. Remote Sensing of Environment，45（3）：311-326.

BURGESS A J，2024. HI from the Sky：Estimating harvest index from UAVs combined with machine learning [J]. Plant Physiology，194（3）：1257-1259.

CAMPOY J，CAMPOS I，PLAZA C，et al.，2020. Estimation of harvest index in wheat crops using a remote sensing-based approach [J]. Field Crops Research，256：107910.

CHAKHAR A，ORTEGA-TEROL D，HERNÁNDEZ-LÓPEZ D，et al.，2020. Assessing the accuracy of multiple classification algorithms for crop classification using Landsat-8 and Sentinel-2 data [J]. Remote Sensing，12（11）：1735.

CHANG G，LIU H，YIN Z，et al.，2023. Agricultural production can be a carbon sink：A case study of Jinchang City [J]. Sustainability，15（17）：12872.

CHANG S，WU B，YAN N，et al.，2018. A refined crop drought monitoring method based on the Chinese GF-1 wide field view data [J]. Sensors，18（4）：1297.

CHEN H，HUANG W，LI W，et al.，2018. Estimation of LAI in winter wheat from multi-angular hyperspectral VNIR data：Effects of view angles and plant architecture [J]. Remote Sensing，10（10）：1630.

CHEN J，ENGBERSEN N，STEFAN L，et al.，2021. Diversity increases yield but reduces harvest index in crop mixtures [J]. Nature Plants，7（7）：893-898.

CHEN J，JÖNSSON P，TAMURA M，et al.，2004. A simple method for reconstructing a high-quality NDVI time-series data set based on the Savitzky-Golay filter [J]. Remote Sensing of Environment，91（3-4）：332-344.

COLOMINA I，MOLINA P，2014. Unmanned aerial systems for photogrammetry and remote sensing：A review [J]. ISPRS Journal of Photogrammetry and Remote Sensing，92：79-97.

CRÉPEAU M，JÉGO G，MORISSETTE R，et al.，2021. Predictions of soybean harvest index evolution and evapotranspiration using STICS crop model [J]. Agronomy Journal，113（4）：3281-3298.

CROFT H，ARABIAN J，CHEN J M，et al.，2020. Mapping within-field leaf chlorophyll content in agricultural crops for nitrogen management using Landsat-8 imagery [J]. Precision Agriculture，21（4）：856-880.

CRUSIOL L G T，SUN L，SUN Z，et al.，2022. In-season monitoring of maize leaf water content using ground-based and UAV-based hyperspectral data [J]. Sustainability，14（15）：9039.

DADHWAL V K，RAY S S，2000. Crop assessment using remote sensing-Part Ⅱ：Crop condition and yield assessment [J]. Indian Journal of Agricultural Economics，55（S2）：55-67.

DAI J，BEAN B，BROWN B，et al.，2016. Harvest index and straw yield of five classes of wheat [J]. Biomass and Bioenergy，85：223-227.

DENG J，ZHANG X，YANG Z，et al.，2023. Pixel-level regression for UAV hyperspectral images：Deep learning-based quantitative inverse of wheat stripe rust disease index [J]. Computers and Electronics in Agriculture，215：108434.

DENG J，HUANG Y，CHEN B，et al.，2019. A methodology to monitor urban expansion and green space change using a time series of multi-sensor SPOT and Sentinel-2A images [J]. Remote Sensing，11（10）：1230.

DENG X，ZHU Z，YANG J，et al.，2020. Detection of Citrus Huanglongbing based on multi-input neural network model of UAV hyperspectral remote sensing [J]. Remote Sensing，12（17）：2678.

DONALD C M，1962. In search of yield [J]. Journal of the Australian Institute of Agricultural Science，28（3）：171-178.

DONALD C M，HAMBLIN J，1976. The biological yield and harvest index of cereals as agronomic and plant breeding criteria [J]. Advances in Agronomy，28：361-405.

DONG T，LIU J，QIAN B，et al.，2020. Estimating crop biomass using leaf area index derived from Landsat 8 and Sentinel-2 data [J]. ISPRS Journal of Photogrammetry and Remote Sensing，168：236-250.

DORAISWAMY P C，COOK P W，1995. Spring wheat yield assessment using NOAA AVHRR data [J]. Canadian Journal of Remote Sensing，21（1）：43-51.

DORAISWAMY P C，SINCLAIR T R，HOLLINGER S，et al.，2005. Application of MODIS derived parameters for regional crop yield assessment [J]. Remote Sensing of Environment，97（2）：192-202.

DREISIGACKER S，BURGUEÑO J，PACHECO A，et al.，2021. Effect of flowering time-related genes on biomass，harvest index，and grain yield in CIMMYT elite spring bread wheat [J]. Biology，10（9）：855.

DU X，WU B，LI Q，et al.，2009a. A method to estimated winter wheat yield with the MERIS data [C]. Progress in Electromagnetics Research Symposium （PIERS），Beijing，China：1392-1395.

DU X，WU B，MENG J，et al.，2009b. Estimation of harvest index of winter wheat based on remote sensing data[C]. International Symposium on Remote Sensing of Environment，Stresa（IT）：127-130.

ECHARTE L，ANDRADE F H，2003. Harvest index stability of Argentinean maize hybrids released between 1965 and 1993 [J]. Field Crops Research，82（1）：1-12.

FAN J，MCCONKEY B，JANZEN H，et al.，2017. Harvest index-yield

relationship for estimating crop residue in cold continental climates [J]. Field Crops Research, 204: 153-157.

FATHIPOOR H, AREFI H, SHAH-HOSSEINI R, et al., 2019. Corn forage yield prediction using unmanned aerial vehicle images at mid-season growth stage [J]. Journal of Applied Remote Sensing, 13 (3): 034503.

FENG S, ZHAO J, LIU T, et al, 2019. Crop type identification and mapping using machine learning algorithms and Sentinel-2 time series data [J]. IEEE Journal of Selected Topics in Applied Earth Observations and Remote Sensing, 12 (9): 3295-3306.

FIELD C B, RANDERSON J T, MALMSTRÖM C M, 1995. Global net primary production: Combining ecology and remote sensing [J]. Remote Sensing of Environment, 51 (1): 74-88.

FLETCHER A L, JAMIESON P D, 2009. Causes of variation in the rate of increase of wheat harvest index [J]. Field Crops Research, 113 (3): 268-273.

Food Security Information Network (FSIN), Global Network Against Food Crises (GNAFS), 2023. Global Report on Food Crises 2023 [R]. Rome, Italy.

FU Y, HUANG J, SHEN Y, et al., 2021. A satellite-based method for national winter wheat yield estimating in China [J]. Remote Sensing, 13 (22): 4680.

GAJIĆ B, KRESOVIĆ B, TAPANAROVA A, et al., 2018. Effect of irrigation regime on yield, harvest index and water productivity of soybean grown under different precipitation conditions in a temperate environment [J]. Agricultural Water Management, 210: 224-231.

GASO D V, BERGER A G, CIGANDA V S, 2019. Predicting wheat grain yield and spatial variability at field scale using a simple regression or a crop model in conjunction with Landsat images [J]. Computers and Electronics in Agriculture, 159: 75-83.

GILBERTSON J K, KEMP J, VAN NIEKERK A, 2017. Effect of pan-sharpening multi-temporal Landsat 8 imagery for crop type differentiation using different classification techniques [J]. Computers and Electronics in Agriculture, 134: 151-159.

GITELSON A A, KAUFMAN Y J, 1998. MODIS NDVI optimization to fit the

AVHRR data series-Spectral considerations [J]. Remote Sensing of Environment, 66（3）：343-350.

HAMMER G L, BROAD I J, 2003. Genotype and environment effects on dynamics of harvest index during grain filling in sorghum. Agronomy Journal, 95（1）：199-206.

HAO Z, ZHAO H, ZHANG C, et al., 2019. Estimating winter wheat area based on an SVM and the variable fuzzy set method [J]. Remote Sensing Letters, 10（4）：343-352.

HAY R K M, 1995. Harvest index：A review of its use in plant breeding and crop physiology [J]. Annals of Applied Biology, 126（1）：197-216.

HU C, SADRAS V O, LU G, et al., 2019. Root pruning enhances wheat yield, harvest index and water-use efficiency in semiarid area [J]. Field Crops Research, 230：62-71.

HU C, ZHENG C, SADRAS V O, et al., 2018. Effect of straw mulch and seeding rate on the harvest index, yield and water use efficiency of winter wheat [J]. Scientific Reports, 8：8167.

HUANG X, XUAN F, DONG Y, et al., 2023. Identifying corn lodging in the mature period using Chinese GF-1 PMS images [J]. Remote Sensing, 15（4）：894.

INOUE Y, PEÑUELAS J, MIYATA A, et al., 2008. Normalized difference spectral indices for estimating photosynthetic efficiency and capacity at a canopy scale derived from hyperspectral and CO_2 flux measurements in rice [J]. Remote Sensing of Environment, 112（1）：156-172.

JAAFAR H, MOURAD R, 2021. GYMEE：A global field-scale crop yield and ET mapper in Google Earth Engine based on Landsat, weather, and soil data [J]. Remote Sensing, 13（4）：773.

JENSEN S M, SVENSGAARD J, RITZ C, 2020. Estimation of the harvest index and the relative water content – Two examples of composite variables in agronomy [J]. European Journal of Agronomy, 112：125962.

JI Y, LIU Z, CUI Y, et al., 2024. Faba bean and pea harvest index estimations using aerial-based multimodal data and machine learning algorithms [J]. Plant Physiology, 194（3）1512-1526.

JIANG J, ATKINSON P M, CHEN C, et al., 2023. Combining UAV and Sentinel-2 satellite multi-spectral images to diagnose crop growth and N status in winter wheat at the county scale [J]. Field Crops Research, 294: 108860.

JIANG J, ATKINSON P M, ZHANG J, et al., 2022. Combining fixed-wing UAV multispectral imagery and machine learning to diagnose winter wheat nitrogen status at the farm scale [J]. European Journal of Agronomy, 138: 126537.

KEMANIAN A R, STÖCKLE C O, HUGGINS D R, et al., 2007. A simple method to estimate harvest index in grain crops [J]. Field Crops Research, 103 (3): 208-216.

KHAN A, STÖCKLE C O, NELSON R L, et al., 2019. Estimating biomass and yield using METRIC evapotranspiration and simple growth algorithms [J]. Agronomy Journal, 111 (2): 536-544.

KINIRY J R, BEAN B, XIE Y, et al., 2004. Maize yield potential: Critical processes and simulation modeling in a high-yielding environment [J]. Agricultural Systems, 82 (1): 45-56.

KOBATA T, KOÇ M, BARUTÇULAR C, et al., 2018. Harvest index is a critical factor influencing the grain yield of diverse wheat species under rain-fed conditions in the Mediterranean zone of southeastern Turkey and northern Syria [J]. Plant Production Science, 21 (2): 71-82.

LAL R, 2004. Soil carbon sequestration impacts on global climate change and food security [J]. Science, 304 (5677): 1623-1627.

LAUNAY M, GUERIF M, 2005. Assimilating remote sensing data into a crop model to improve predictive performance for spatial applications [J]. Agriculture, Ecosystems and Environment, 111 (1-4): 321-339.

LI C, GONG P, WANG J, et al., 2017. The first all-season sample set for mapping global land cover with Landsat-8 data [J]. Science Bulletin, 62 (7): 508-515.

LI H, LUO Y, XUE X, et al., 2011. A comparison of harvest index estimation methods of winter wheat based on field measurements of biophysical and spectral data [J]. Biosystems Engineering, 109 (4): 396-403.

LI H, LIU G, LIU Q, et al., 2018. Retrieval of winter wheat leaf area index from

Chinese GF-1 satellite data using the PROSAIL model [J]. Sensors, 18（4）: 1120.

LI S, ZHAO L, WANG C, et al., 2023. Synergistic improvement of carbon sequestration and crop yield by organic material addition in saline soil: A global meta-analysis [J]. Science of the Total Environment, 891: 164530.

LI T, ZHANG F, JIAO Y, et al., 2019. Study on carbon sequestration capacity of typical crops in Northern China [J]. Journal of Plant Biology, 62（3）: 195–202.

LI X, WANG S, CHEN Y, et al., 2024. Improved simulation of winter wheat yield in North China Plain by using PRYM-Wheat integrated dry matter distribution coefficient [J]. Journal of Integrative Agriculture, 23（4）1381–1392.

LIANG J, REN W, LIU X, et al., 2023. Improving nitrogen status diagnosis and recommendation of maize using UAV remote sensing data [J]. Agronomy, 13（8）: 1994.

LIANG L, HUANG T, DI L, et al., 2020. Influence of different bandwidths on LAI estimation using vegetation indices [J]. IEEE Journal of Selected Topics in Applied Earth Observations and Remote Sensing, 13: 1494–1502.

LIAO C, WANG J, DONG T, et al., 2019. Using spatio-temporal fusion of Landsat-8 and MODIS data to derive phenology, biomass and yield estimates for corn and soybean [J]. Science of the Total Environment, 650: 1707–1721.

LIETH H, WHITTAKER R H, 1975. Primary productivity of the Biosphere [M]. New York: Springer Verlag.

LIU M, YU T, GU X, et al., 2020a. The impact of spatial resolution on the classification of vegetation types in highly fragmented planting areas based on unmanned aerial vehicle hyperspectral images [J]. Remote Sensing, 12（1）: 146.

LIU W M, HOU P, LIU G, et al., 2020b. Contribution of total dry matter and harvest index to maize grain yield-A multisource data analysis [J]. Food and Energy Security, 9（4）: e256.

LIU Z, ZHAO C, ZHAO J, et al., 2022. Improved fertiliser management to reduce the greenhouse-gas emissions and ensure yields in a wheat-peanut relay intercropping system in China [J]. Environmental Science and Pollution Research, 29（15）: 22531–22546.

LOBELL D B, ASNER G P, ORTIZ-MONASTERIO J I, et al., 2003. Remote sensing of regional crop production in the Yaqui Valley, Mexico: Estimates and uncertainties [J]. Agriculture, Ecosystems and Environment, 94（2）: 205−220.

LONG S P, MARSHALL-COLON A, ZHU X G, 2015. Meeting the global food demand of the future by engineering crop photosynthesis and yield potential [J]. Cell, 161（1）: 56−66.

LOPEZ M A, MOREIRA F F, HEARST A, et al., 2022. Physiological breeding for yield improvement in soybean: Solar radiation interception-conversion, and harvest index [J]. Theoretical and Applied Genetics, 135（5）: 1477−1491.

LORENZ A J, GUSTAFSON T J, COORS J G, et al., 2010. Breeding maize for a bioeconomy: A literature survey examining harvest index and stover yield and their relationship to grain yield [J]. Crop Science, 50（1）: 1−12.

LU J, YANG T, SU X, et al., 2020. Monitoring leaf potassium content using hyperspectral vegetation indices in rice leaves [J]. Precision Agriculture, 21（2）: 324−348.

MAES W H, STEPPE K, 2019. Perspectives for remote sensing with unmanned aerial vehicles in precision agriculture [J]. Trends in Plant Science, 24（2）: 152−164.

MAIMAITIJIANG M, SAGAN V, SIDIKE P, et al., 2020. Crop monitoring using satellite/UAV data fusion and machine learning [J]. Remote Sensing, 12（9）: 1357.

MISRA G, CAWKWELL F, WINGLER A, 2020. Status of phenological research using Sentinel-2 data: A review [J]. Remote Sensing, 12（17）: 2760.

MORIONDO M, MASELLI F, BINDI M, 2007. A simple model of regional wheat yield based on NDVI data [J]. European Journal of Agronomy, 26（3）: 266−274.

MOSER S B, FEIL B, JAMPATONG S, et al., 2006. Effects of pre-anthesis drought, nitrogen fertilizer rate, and variety on grain yield, yield components, and harvest index of tropical maize [J]. Agricultural Water Management, 81（1−2）: 41−58.

NAQVI S M Z A, TAHIR M N, SHAH G A, et al., 2019. Remote estimation of wheat yield based on vegetation indices derived from time series data of Landsat 8 imagery [J]. Applied Ecology and Environmental Research, 17（2）: 3909–3925.

NGUYEN C, SAGAN V, SKOBALSKI J, et al., 2023. Early detection of wheat yellow rust disease and its impact on terminal yield with multi-spectral UAV-imagery [J]. Remote Sensing, 15（13）: 3301.

OTTOSEN T B, LOMMEN S T E, SKJØTH C A, 2019. Remote sensing of cropping practice in Northern Italy using time-series from Sentinel-2 [J]. Computers and Electronics in Agriculture, 157: 232–238.

OZCAN A, LELOGLU U M, SUZEN M L, 2022. Early wheat yield estimation at field-level by photosynthetic pigment unmixing using Landsat 8 image series [J]. Geocarto International, 37（17）: 4871–4887.

PASQUALOTTO N, DELEGIDO J, VAN WITTENBERGHE S, et al., 2019. Multi-crop green LAI estimation with a new simple Sentinel-2 LAI index（SeLI）[J]. Sensors, 19（4）: 904.

PHIRI D, SIMWANDA M, SALEKIN S, et al., 2020. Sentinel-2 data for land cover/use mapping: A review [J]. Remote Sensing, 12（14）: 2291.

PORKER K, STRAIGHT M, HUNT J R, 2020. Evaluation of G × E × M interactions to increase harvest index and yield of early sown wheat [J]. Frontiers in Plant Science, 11: 994.

POTTER C S, RANDERSON J T, FIELD C B, et al., 1993. Terestrial ecosystem production: A process model based on global satellite and surface data [J]. Global Biogeochemical Cycles, 7（4）: 811–841.

PRASAD P V V, BOOTE K J, ALLEN L H JR, et al., 2006. Species, ecotype and cultivar differences in spikelet fertility and harvest index of rice in response to high temperature stress [J]. Field Crops Research, 95（2–3）: 398–411.

PRINCE S D, GOWARD S N, 1995. Global primary production: A remote sensing approach [J]. Journal of Biogeography, 22（4–5）: 815–835.

PSOMAS A, KNEUBÜHLER M, HUBER S, et al., 2011. Hyperspectral remote sensing for estimating aboveground biomass and for exploring species richness patterns of grassland habitats [J]. International Journal of Remote Sensing, 32

（24）：9007-9031.

QIN W, NIU L, YOU Y, et al., 2024. Effects of conservation tillage and straw mulching on crop yield, water use efficiency, carbon sequestration and economic benefits in the Loess Plateau region of China: A meta-analysis [J]. Soil and Tillage Research, 238: 106025.

RAICH J W, RASTETTER E B, MELILLO J M, et al., 1991. Potential net primary productivity in South America: Application of a global model [J]. Ecological Applications, 1（4）: 399-429.

RAMIREZ-VILLEGAS J, KOEHLER A, CHALLINOR A J, 2017. Assessing uncertainty and complexity in regional-scale crop model simulations [J]. European Journal of Agronomy, 88: 84-95.

RAN H, KANG S, HU X, et al., 2019. Newly developed water productivity and harvest index models for maize in an arid region [J]. Field Crops Research, 234: 73-86.

RASMUSSEN M S, 1992. Assessment of millet yields and production in northern Burkina Faso using integrated NDVI from the AVHRR [J]. International Journal of Remote Sensing, 13（18）: 3431-3442.

RASMUSSEN M S, 1998a. Developing simple, operational, consistent NDVI-vegetation models by applying environment and climatic information. Part I: Assessment of net primary production [J]. International Journal of Remote Sensing, 19（1）: 97-117.

RASMUSSEN M S, 1998b. Developing simple, operational, consistent NDVI-vegetation models by applying environment and climatic information. Part II: Crop yield assessment [J]. International Journal of Remote Sensing, 19（1）: 119-139.

REN J, LI S, CHEN Z, et al., 2007. Regional yield prediction for winter wheat based on crop biomass estimation using multi-source data [C]. Proceedings of IEEE International Geoscience and Remote Sensing Symposium（IGARSS' 07）, Barcelona, Spain: 805-808.

REN J, ZHANG N, LIU X, et al., 2022. Dynamic harvest index estimation of winter wheat based on UAV hyperspectral remote sensing considering crop

aboveground biomass change and the grain filling process [J]. Remote Sensing，14
（9）：1955.

RICHARDS R A，TOWNLEY-SMITH T F，1987. Variation in leaf area
development and its effect on water use，yield and harvest index of droughted
wheat [J]. Australian Journal of Agricultural Research，38（6）：983-992.

RINALDI M，LOSAVIO N，FLAGELLA Z，2003. Evaluation and application
of the OILCROP-SUN model for sunflower in southern Italy [J]. Agricultural
Systems，78（1）：17-30.

RIVERA-AMADO C，TRUJILLO-NEGRELLOS E，MOLERO G，et al.，2019.
Optimizing dry-matter partitioning for increased spike growth，grain number and
harvest index in spring wheat[J]. Field Crops Research，240：154-167.

RUNNING S W，HUNT E R，1993. Generalization of a forest ecosystem process
model for other biomes，BIOME-BGC，and an application for global-scale
models[C]. In: EHLERINGER J R，FIELD C B，eds. Scaling physiological
processes: Leaf to globe. San Diego：Academic Press.

SADRAS V O，CONNOR D J，1991. Physiological basis of the response of harvest
index to the fraction of water transpired after anthesis：A simple model to estimate
harvest index for determinate species [J]. Field Crops Research，26（3-4）：
227-239.

SAMARASINGHE G B，2003. Growth and yields of Sri Lanka's major crop
interpreted from public domain satellites [J]. Agricultural Water Management，58
（2）：145-157.

SAPKOTA S，PAUDYAL D R，2023. Growth monitoring and yield estimation
of maize plant using unmanned aerial vehicle（UAV）in a Hilly Region [J].
Sensors，23（12）：5432.

SENAY G B，FRIEDRICHS M，SINGH R K，et al.，2016. Evaluating Landsat 8
evapotranspiration for water use mapping in the Colorado River Basin [J]. Remote
Sensing of Environment，185：171-185.

SHAHI T B，XU C Y，NEUPANE A，et al.，2022. Machine learning methods
for precision agriculture with UAV imagery：A review [J]. Electronic Research
Archive，30（12）：4277-4317.

SHANAHAN J F, SCHEPERS J S, FRANCIS D D, et al., 2001. Use of remote-sensing imagery to estimate corn grain yield [J]. Agronomy Journal, 93 (3): 583-589.

SINCLAIR T R, 1986. Water and nitrogen limitations in soybean grain production. I. Model development [J]. Field Crops Research, 15 (2): 125-141.

SINGH K K, FRAZIER A E, 2018. A meta-analysis and review of unmanned aircraft system (UAS) imagery for terrestrial applications [J]. International Journal of Remote Sensing, 39 (15-16): 5078-5098.

SINGH R, SINGH G S, 2017. Traditional agriculture: A climate-smart approach for sustainable food production [J]. Energy Ecology and Environment, 2 (5): 296-316.

SKAKUN S, VERMOTE E, FRANCH B, et al., 2019. Winter wheat yield assessment from Landsat 8 and Sentinel-2 data: Incorporating surface reflectance, through phenological fitting, into regression yield models [J]. Remote Sensing, 11 (15): 1768.

SKAKUN S, VERMOTE E, ROGER J C, et al., 2017. Combined use of Landsat-8 and Sentinel-2A images for winter crop mapping and winter wheat yield assessment at regional scale [J]. AIMS Geosciences, 3 (2): 163-186.

SOLTANI A, GALESHI S, ATTARBASHI M R, et al., 2004. Comparison of two methods for estimating parameters of harvest index increase during seed growth [J]. Field Crops Research, 89 (2-3): 369-378.

SOLTANI A, TORABI B, ZAREI H, 2005. Modeling crop yield using a modified harvest index-based approach: Application in chickpea [J]. Field Crops Research, 91 (2-3): 273-285.

SONG P, ZHENG X, LI Y, et al., 2020. Estimating reed loss caused by *Locusta migratoria* manilensis using UAV-based hyperspectral data [J]. Science of the Total Environment, 719: 137519.

SONG Q, ZHOU Q, WU W, et al., 2017. Mapping regional cropping patterns by using GF-1 WFV sensor data [J]. Journal of Integrative Agriculture, 16 (2): 337-347.

SONOBE R, YAMAYA Y, TANI H, et al., 2019. Evaluating metrics derived from

Landsat 8 OLI imagery to map crop cover [J]. Geocarto International, 34 (8): 839−855.

SUDU B, RONG G, GUGA S, et al., 2022. Retrieving SPAD values of summer maize using UAV hyperspectral data based on multiple machine learning algorithm [J]. Remote Sensing, 14 (21): 5407.

TAO Z, LEI T, CAO F, et al., 2022. Contrasting characteristics of lodging resistance in two super-rice hybrids differing in harvest index [J]. Phyton-International Journal of Experimental Botany, 91 (2): 429−437.

TIAN S, LU Q, WEI L, 2022. Multiscale superpixel-based fine classification of crops in the UAV-based hyperspectral imagery [J]. Remote Sensing, 14 (14): 3292.

TIRADO M C, CLARKE R, JAYKUS L A, et al., 2010. Climate change and food safety: A review [J]. Food Research International, 43 (7): 1745−1765.

TOKATLIDIS I S, REMOUNTAKIS E, 2020. The impacts of interplant variation on aboveground biomass, grain yield, and harvest index in maize [J]. International Journal of Plant Production, 14 (1): 57−65.

UNKOVICH M, BALDOCK J, FORBES M, 2010. Variability in harvest index of grain crops and potential significance for carbon accounting: Examples from Australian agriculture [J]. Advances in Agronomy, 105: 173−219.

WALTER J, EDWARDS J, MCDONALD G, et al., 2018. Photogrammetry for the estimation of wheat biomass and harvest index [J]. Field Crops Research, 216: 165−174.

WAN L, CEN H, ZHU J, et al., 2020. Grain yield prediction of rice using multi-temporal UAV-based RGB and multispectral images and model transfer − a case study of small farmlands in the South of China [J]. Agricultural and Forest Meteorology, 291: 108096.

WANG F, HE Z, SAYRE K, et al., 2009. Wheat cropping systems and technologies in China [J]. Field Crops Research, 111 (3): 181−188.

WANG F, WANG F, HU J, et al., 2020. Rice yield estimation based on an NPP model with a changing harvest index [J]. IEEE Journal of Selected Topics in Applied Earth Observations and Remote Sensing, 13: 2953−2959.

WANG Q, CHEN X, MENG H, et al., 2023. UAV hyperspectral data combined with machine learning for winter wheat canopy SPAD values estimation [J]. Remote Sensing, 15 (19): 4658.

WANG S C, ZHAO Y W, WANG J Z, et al., 2018a. The efficiency of long-term straw return to sequester organic carbon in Northeast China's cropland [J]. Journal of Integrative Agriculture, 17 (2): 436-448.

WANG X, ZHOU C, FENG X, et al., 2018b. Testing the efficiency of using high-resolution data from GF-1 in land cover classifications [J]. IEEE Journal of Selected Topics in Applied Earth Observations and Remote Sensing, 11 (9): 3051-3061.

WEI L, YU M, ZHONG Y, et al., 2019. Spatial-spectral fusion based on conditional random fields for the fine classification of crops in UAV-borne hyperspectral remote sensing imagery [J]. Remote Sensing, 11 (7): 780.

WEI L, YANG H, NIU Y, et al., 2023. Wheat biomass, yield, and straw-grain ratio estimation from multi-temporal UAV-based RGB and multispectral images [J]. Biosystems Engineering, 234: 187-205.

WHEELER T, VON BRAUN J, 2013. Climate change impacts on global food security [J]. Science, 341 (6145): 508-513.

WILLIAMS J R, JONES C A, KINIRY J R, et al., 1989. The EPIC crop growth model [J]. Transactions of the ASAE, 32 (2): 497-511.

WOLANIN A, CAMPS-VALLS G, GÓMEZ-CHOVA L, et al., 2019. Estimating crop primary productivity with Sentinel-2 and Landsat 8 using machine learning methods trained with radiative transfer simulations [J]. Remote Sensing of Environment, 225: 441-457.

WU B, ZHANG M, ZENG H, et al., 2023. Challenges and opportunities in remote sensing-based crop monitoring: A review [J]. National Science Review, 10 (4): nwac290.

YAN Y, DENG L, LIU X, et al., 2019. Application of UAV-based multi-angle hyperspectral remote sensing in fine vegetation classification [J]. Remote Sensing, 11 (23): 2753.

YANG S, HU L, WU H, et al., 2021a. Integration of crop growth model and random forest for winter wheat yield estimation from UAV hyperspectral imagery [J]. IEEE Journal of Selected Topics in Applied Earth Observations and Remote Sensing, 14: 6253−6269.

YANG S, LI S, ZHANG B, et al., 2023. Accurate estimation of fractional vegetation cover for winter wheat by integrated unmanned aerial systems and satellite images [J]. Frontiers in Plant Science, 14: 1220137.

YANG W, LIU W, LI Y, et al., 2021b. Increasing rainfed wheat yield by optimizing agronomic practices to consume more subsoil water in the Loess Plateau [J]. Crop Journal, 9（6）: 1418−1427.

YUAN W, CHEN Y, XIA J, et al., 2016. Estimating crop yield using a satellite-based light use efficiency model [J]. Ecological Indicators, 60: 702−709.

YUE J, YANG H, YANG G, et al., 2023. Estimating vertically growing crop above-ground biomass based on UAV remote sensing [J]. Computers and Electronics in Agriculture, 205: 107627.

ZAMBRANO P, CALDERON F, VILLEGAS H, et al., 2023. UAV remote sensing applications and current trends in crop monitoring and diagnostics: A systematic literature review [C]. 2023 IEEE 13th International Conference on Pattern Recognition Systems（ICPRS）, Guayaquil, Ecuador: 1−9.

ZARCO-TEJADA P J, HORNERO A, HERNÁNDEZ-CLEMENTE R, et al., 2018. Understanding the temporal dimension of the red-edge spectral region for forest decline detection using high-resolution hyperspectral and Sentinel-2a imagery [J]. ISPRS Journal of Photogrammetry and Remote Sensing, 137: 134−148.

ZHANG C, LIU J, SHANG J, et al., 2021a. Improving winter wheat biomass and evapotranspiration simulation by assimilating leaf area index from spectral information into a crop growth model [J]. Agricultural Water Management, 255: 107057.

ZHANG C, YI Y, WANG L, et al., 2024. Estimation of the bio-parameters of winter wheat by combining feature selection with machine learning using multi-temporal unmanned aerial vehicle multispectral images [J]. Remote Sensing, 16（3）: 469.

ZHANG J, ZHAO Y, HU Z, et al., 2023. Unmanned aerial system-based wheat biomass estimation using multispectral, structural and meteorological data [J]. Agriculture, 13（8）: 1621.

ZHANG N, LIU X, REN J, et al., 2022. Estimating the winter wheat harvest index with canopy hyperspectral remote sensing data based on the dynamic fraction of post-anthesis phase biomass accumulation [J]. International Journal of Remote Sensing, 43（6）: 2029-2058.

ZHANG Q, ZHANG W, YU Y, et al., 2021b. Modeling the impact of atmospheric warming on staple crop growth in China in the 1960s and 2000s [J]. Atmosphere, 12（1）: 36.

ZHANG Y, XU W, WANG H, et al., 2016. Progress in genetic improvement of grain yield and related physiological traits of Chinese wheat in Henan Province [J]. Field Crops Research, 199: 117-128.

ZHONG Y, HU X, LUO C, et al., 2020. WHU-Hi: UAV-borne hyperspectral with high spatial resolution（H^2）benchmark datasets and classifier for precise crop identification based on deep convolutional neural network with CRF [J]. Remote Sensing of Environment, 250: 112012.

ZHOU Q B, YU Q Y, LIU J, et al., 2017. Perspective of Chinese GF-1 high-resolution satellite data in agricultural remote sensing monitoring [J]. Journal of Integrative Agriculture, 16（2）: 242-251.

ZHOU X, ZHANG J, CHEN D, et al., 2020. Assessment of leaf chlorophyll content models for winter wheat using Landsat-8 multispectral remote sensing data [J]. Remote Sensing, 12（16）: 2574.

ZU J, YANG H, WANG J, et al., 2024. Inversion of winter wheat leaf area index from UAV multispectral images: classical vs. deep learning approaches [J]. Frontiers in Plant Science, 15: 1367828.